# 每個孩子都能
# 好好睡覺

JEDES KIND KANN SCHLAFEN LERNEN

★★★★

跨世代
長銷
·經·典·版·

安妮特·卡斯特尚、哈特穆·摩根洛特——著

ANNETTE KAST-ZAHN　　HARTMUT MORGENROTH

顏徽玲——譯

**目次**
CONTENT

**CHAPTER 1**

## 睡覺真美妙

### 我的孩子不肯睡

### 孩童睡眠知多少？

CHAPTER
2

# 讓你的孩子成為「好睡寶寶」
## <u>出生後的前六個月</u>

# CHAPTER 3 如何幫助寶寶好好睡覺

## 養成孩子規律的睡眠時間

## 讓孩子學會一覺到天亮

# CHAPTER 4 特殊的睡眠干擾問題

## 「夜晚不是我的朋友」：夢遊、夜驚、做惡夢

## 作者序

　　每個健康的孩子自六個月大起都能學會好好睡覺，而且通常只要幾天的時間，就可以讓孩子獨自入睡和睡過夜。

　　許多父母覺得不可置信，但這就是我們一直堅持的想法。很多人會說我們的資訊幫了大忙，每一句「謝謝，真的管用」都很令我們高興。不少年輕父母們也彼此分享了他們藉由這本書成功的故事──難怪這本原本只是「祕密武器」的指南，最後卻可以成為擁有廣大讀者的暢銷寶典，而且深獲媽媽教室、托育機構和小兒科醫生的大力推薦。

　　我們也聽到來自匿名網路使用者的批評。然而，我們認為多數批評者可能沒有完全讀通這本書。對於不同的睡眠問題，我們並非只提出單一解決方法，你可以從各種方法中找出一個最適當的處方。當然，你

也應該傾聽自己的心聲，並考量孩子的個人差異。

　　這幾年來，我們在孩童睡眠行為及嬰幼兒睡眠安全的領域裡不斷學習，我們的建議也獲得許多科學證據的支持。此外，我們還從求診案例和讀者身上，蒐集到各種可能發生的問題及狀況，並進一步發展出新的解決方法。我們不想藏私，所以我們在新版的內容中做了一些編修調整，也補充了問卷及清楚的圖表。

　　最後，祝福您和您的孩子很快都能好好睡覺。

**安妮特・卡斯特尚** 醫師
**& 哈特穆・摩根洛特** 醫師

## 推薦序——相信每個家庭都能好好睡

　　有關孩子的睡眠，是讓醫師和家長非常困擾的一個議題。不論是在書店、網站，還有實際的生活裡，你可以聽到截然不同的建議方式，讓家長無所適從。這個議題還會因著各自的文化背景、各自對睡眠的需求與期待不同而有所不同。

　　從《親密育兒百科》到《百歲醫師教我的育兒寶典》，我們都可以看到使用成功的父母，當然也有更多使用無效的情況未被寫在這些書裡。這本《每個孩子都能好好睡覺》，對於六個月以上嬰孩所提供的建議，是我可以接受的方式。

　　當我們不滿意自己寶寶的睡眠發展時，有可能不是寶寶有問題，而是我們對於自己睡眠與寶寶需求的預期有落差。

　　在自然的狀況下，人類的幼兒非常依賴成人（通常

是他的母親），不論是清醒或睡著的時候，都是和成人在一起。雖然現在的文明環境中，父母工作的負擔增加，寶寶這樣的需求可能造成父母的困擾，但是在頭幾個月，兩、三小時就喝一次奶是非常正常的。

對於一個三個月的嬰兒，一次能睡到五個小時，就算是睡過夜了。在書中第一章有關正常睡眠發展的介紹，是所有準父母和新手父母需要先具備的知識，才不至於有不當期待。

有關嬰兒期的安全睡眠環境，這本書有非常清楚的建議。不過我想補充的是，母乳哺育也是減少嬰兒猝死症的一個重要因子。

有關減少夜間餵奶的建議，請大家注意，寶寶必須七週大，健康良好，而且至少有五公斤重，才建議嘗試。過早限制餵奶次數，尤其是餵母乳的寶寶，可

能會讓媽媽的奶水不足，造成寶寶成長不良。

　　若要協助寶寶發展出日夜規律，我們可以用光線明暗，以及提供給寶寶活動強度的不同，讓寶寶知道日夜的差別。正常寶寶在淺睡期有時會發出一些哼唉的聲響及動作，但是過一會兒，又可繼續入睡，這個時候父母不用太緊張的就把寶寶抱起來餵奶。

　　確定寶寶有認真吃到母乳也是很重要的，如果寶寶一整天都是每半小時到一小時就要喝奶時，也需要找哺乳專家協助確認。

　　對於六個月以上的孩子的睡眠習慣培養，我很認同作者所建議的，不要採取「任由他哭」的辦法。但是就如前述，每個家庭有自己的經驗和價值觀，不論採取何種方式，重要的是父母要信任自己的感覺，日復一日採取一致的方式，並且注意孩子的安全，以及

在其他時間提供持續足夠的關愛。

　　相信每個父母，都可以找到最適合自己家庭與孩子的睡眠儀式。

**陳昭惠**
台中榮民總醫院兒童醫學中心特約醫師
台灣母乳哺育聯合學會榮譽理事長

# 推薦序——培養健康且安全的睡眠習慣

　　自從開辦「好眠寶寶 寶貝的睡眠顧問」之後，每天我都會收到許多爸媽的來信，淚訴已經很久沒好好睡覺，有些媽咪甚至難過低潮到後悔當媽媽。寶寶沒睡飽，大人也疲憊不堪。睡眠是人的基本生理需求，但對新手爸媽來說，「好好睡覺」成為一種奢侈。

　　孩子好好睡覺對於一家人的健康、和樂、幸福度絕對有關鍵性影響。你可能會發現，睡飽的孩子除了神清氣爽，情緒也會相對穩定，對於大腦的發育更是有長遠影響。有睡飽的大人小孩，無論是學習專注力、免疫抵抗力、情緒管理從研究來看，都有更佳的表現。

　　當爸媽是長遠的任務，如果能夠在一開始就培養孩子睡好的能力，我們也更有精力執行想要的教養。對孩子來說，健康且安全的睡眠習慣，更是一輩子的

禮物。

　　孩子的睡眠分成幾個重點，包含「安全與環境」、「睡眠模式」、「睡眠規律」、「睡眠問題」。《每個孩子都能好好睡覺》涵蓋了這些重要內容，如果你讀懂這本書，就可以對孩子的睡眠發展有概括性了解，也知道如何引導孩子睡得更好。

　　這本書可以從了解孩子的「睡眠模式」和「睡眠安全」開始閱讀。我喜歡作者提醒睡眠安全的重要性，寶寶有很長一段時間待在睡眠環境中。確保環境安全，絕對是新手爸媽該學的第一道防護網。而當爸媽知道孩子睡眠發展的變化，也能幫助我們理解寶寶的睡眠為何長成這個樣子，就會對寶寶有合理的期待。

　　「睡眠儀式」也是建立睡眠規律性、孩子安全感和彼此親密感很好的切入點，讓寶寶在睡前與父母有

足夠的時間相處。生活忙碌的家長，我們在睡眠儀式就以「高品質」的陪伴，收掉手機專心儀式，對於孩子入睡前的情緒，也是很好的鋪陳。

　　我想針對書中「入睡時間」和「睡眠長度」這塊做更多的補充，由於東西方民情差異，華人的寶寶普遍比西方寶寶更晚入睡、睡得更少。所以書中提到「建議縮短睡眠時數」的案例時，爸媽要更嚴謹看待。因為從好眠師輔導台灣孩子的案例來看，多數的睡眠問題是源自於白天睡太少，或者是夜晚太晚入睡。更新的睡眠時數數據，可以參考 National Sleep Foundation 對於各年齡睡眠時數的建議。

　　另外，我們需要在保護「寶寶睡眠」和「喝奶需求」兩者間，找到相對的平衡點，而這個平衡會依照每個寶寶和家庭狀況略有不同。如果爸媽不確定自己

的孩子能不能如作者所說，在六個月睡過夜，建議尋求小兒科醫生，協助個別的判斷會更加安全。

　　每個家庭和孩子都有他的育兒步調，當父母能從各種教養派別中擷取合適的知識和經驗，並了解孩子的性格特色。就能在育兒之路上建立自信，創造自己的教養風格。

**姜珮**
嬰幼兒睡眠顧問、好眠線上學苑創辦人

## 2015 年再版推薦序

　　四年前拜批踢踢〈PTT〉媽寶版（BabyMother）
生火文所賜，認識了《每個孩子都能……》系列，這
系列包含了新手父母最為煩惱的三大痛點：睡覺、吃
飯與規矩。主要作者是德國具心理學專長的行為治療
師，她在提供諮詢多年之後，以豐富的輔導經驗整理
出這一系列育兒書籍。其中，吃飯與睡覺這兩本書更
加入小兒科醫師的專業見解。這位小兒科醫師非常風
趣，他說在候診室人滿為患時，經常有父母親提出需
要長時間討論的問題，過去他會困擾於沒有足夠的時
間解答，而現在他會翻出書來說：「針對你的問題，請
讀這一章，還有那一章，一定有幫助！」

　　《每個孩子都能學好規矩》書中以非常務實、
系統、有層次的方式，討論教養孩子時可以使用的
方法，極有誠意且實實在在的提出坊間許多育兒書付

之闕如的「解決對策」，但又不像有些教養書所言的
「XX 分鐘內解決教養問題」這般誇張。當然每個孩子
都是獨一無二，一套方法未必適用所有孩子。然而本
書提出的方法不只一套，甚至連「time out」都針對孩
子情節的不同，詳盡彙整了許多實際施行的做法。書
中還提出許多創意的教養之道，比如利用小布偶來跟
孩子互動對話、自製繪本講故事、做些孩子意料之外
的事等等，這些創意方法提供我許多教養靈感，在傳
說中兩歲、三歲「貓狗嫌」的階段，大女兒小雨鮮少
讓我感到孺子不可教也。

　　從我部落格的格友提問，完全可以感受到現代父
母親對嬰幼兒食量有多麼焦慮與憂心。《每個孩子都能
好好吃飯》建議：「由父母決定吃什麼、何時吃、如何
吃；而由孩子決定：要不要吃、吃多少，並且相信孩子

可以自己調節身體所需的食量。」看到這裡，大家應該很明白重點在於父母的心結。為此，書末還貼心的印有一連串標語，讓讀者可以自由剪貼在牆上，給孩子看的同時，也提醒著大人。書中的「體脂肪變化圖」也為四年前的我打了一劑心理預防針，讓我明白小雨的嬰兒肥終究會漸漸消失，隨著身高拔高，體脂肪必然會在六歲探往谷底。因為有心理準備，我們家因此避免了餐桌上的強迫餵食、威脅利誘、劍拔弩張。

　　四年前因為太喜歡《每個孩子都能學好規矩》、《每個孩子都能好好吃飯》這兩本書，我甚至在部落格中撰文跟格友推薦。當時小雨已經將近兩歲，睡眠狀況非常穩定，因此我沒特別針對《每個孩子都能好好睡覺》一書寫文。沒想到四年過後，隨著第二個孩子——小風妹妹的出生，我才明白為何坊間有如此多

關於寶寶睡眠的育兒書籍！面對一個不易入睡、淺眠、睡眠週期短、睡眠需求低的寶寶，媽媽的迫切願望是孩子能再多睡一點點，作息再多穩定一點點。這回我將自己的育兒經驗歸零，閱讀許多寶寶睡眠書，重新思索適合自身與小風妹妹的助眠方法。《每個孩子都能好好睡覺》裡羅列的助眠法寶，介於親密育兒法與百歲育兒法之間，書中的作息記錄方式，更是我參考沿用的育兒妙法。

《每個孩子都能……》系列三書提出的育兒方法專業、具體、務實又多元，版面清新易讀，此外每一章節末還有「重點整理」，能幫助忙碌的家長節省許多閱讀時間，快速吸收書內精華。不是好書不推薦的小雨麻，給這套書五顆星推薦！

**小雨麻**
親子作家

每對親子都自有一套睡眠儀式，在該睡與不睡、同床與分床、開門與關門間，我們也許都還在尋找一種對夫妻、對孩子都是雙贏的入睡模式。本書作者提出了各種能夠讓孩子們、甚至父母都可以「好好睡」的方法。我特別喜歡每個主題後「重點整理」的部分，字裡行間讓人真實的感受到，父母對於孩子的所有規矩或規律，其實都是由愛的付出與了解所衍生。我們經由每天必要的入睡，告訴孩子另一種「親近與安全感」，與愛有關，與分開無關。

**Ashley 艾胥黎**
親子部落客

對於我這個睡眠受孩子影響甚多的媽媽來說，能閱讀到此書，內心實在充滿感謝。如同本書前言所說：「每個健康的孩子自六個月大起都能學會好好睡覺，而且通常只要幾天的時間，就可以讓孩子獨自入睡和睡過夜。」如果您和我一樣，自孩子出生後便有著一些睡眠困擾，如果您希望找對方法、有效幫助孩子建立良好的睡眠習慣，那麼請您一定要來閱讀這本書，書中提供詳盡的方法與步驟，協助您和您的孩子一夜好眠，是頗值一讀的好書喲！

**李貞慧**
作家暨閱讀推廣人

我一手帶大三隻磨娘精，各種哄睡方法都用盡了：抱、搖、拍、唱歌、牽手，時至今日才讀到本書震撼不已的論點：「需要父母哄睡覺的孩子，每天夜裡平均少睡一個鐘頭！」原來所有工夫都是幫倒忙，妨礙到寶貝學習自個兒「一覺到天明」！跟著本書這樣做——簡短的溫馨儀式之後，立即劃下句點，關燈、親吻、道晚安，馬上離開房間！六個月大的寶貝，體內時鐘已經發展完全，可以在兩天到兩個星期內，學會獨自入睡，並且一覺到天亮！請務必試試本書的妙招！

彭菊仙
親子作家

# 睡覺真美妙

本章你將讀到

## 一些父母的育兒經驗

孩子難睡的問題有多普遍？

## 孩子難睡會造成父母多大的困擾？

孩子需要多長的睡眠時間？

## 睡眠是如何發展的？

睡眠的確切進程是什麼？

## 為什麼孩子會在半夜醒來哭泣？

# 我的孩子不肯睡

# 小兒科門診經驗

當新手父母將他們的小寶貝展示給親友們看時，常常會被問到一個好問題：「寶寶已經能睡過夜了嗎？」

## 「救命啊，我不行了！」

不論你是否享受孩子出生後的這幾個月，你每天都必須跟壓力及積累的疲勞奮鬥。這絕對會影響問題的答案！

這同時也是小兒科醫師熟悉的問題。常常有父母來到診所，先是驕傲的報告小寶貝的進展，然後總會嘆息道：「要是她好睡一點就好了……」或者「他到底什麼時候才能停止在夜裡把我從床上叫起來？我快不行了！」摩根洛特醫師——本書的合著者——也為這個問題傷透腦筋。雖然身為小兒科醫師，但他對這個問題幾乎是束手無策。

## 一夜十七瓶奶

▶ 彼得和安妮卡是一對雙胞胎。剛開始的時候，因為空間不
足，他們全家人必須睡在同一個房間裡。兩個寶寶隔一兩
個小時就要各喝一次奶，也就是說，一個晚上下來必須為
兩個寶寶準備十七瓶奶，另外還得溫奶。

在爸爸媽媽輪流餵奶的情況下，兩人都漸漸筋疲力盡、不
知如何是好，而且情況一直不見好轉，甚至萬不得已，爸媽請
小兒科醫師開了鎮靜劑，狀況也沒有改善。搬到較大的公寓之
後，小孩和爸媽分開睡，情況依舊。兩歲以後，他們終於能自
己拿取準備好放在一旁的奶瓶，父母夜裡只需起身三到四次。
一直到四歲，寶寶們在一次度假期間斷奶後，這才開始能夠一
覺到天明。現在，我們有辦法讓父母們不再如此操勞、長期缺
乏睡眠，同時擺脫掉因為無怨無悔的奉獻所造成的壓力。

無法入睡或夜間總要醒來多次的嬰幼兒當中，幾乎沒有所
謂的「問題兒童」。相反的，他們是有學習能力的小人兒。他
們的反應完全正常，而且合乎邏輯。有這種寶寶的父母也不必

擔心自己是不是做錯了什麼。我們在不少諮詢案例中認識許多充滿愛心的父母，他們願意為孩子做任何事。

我們現在可以確定：所有健康的、六個月以上的寶寶都能一覺睡到天亮。如果你的寶寶還不能的話，這是可以學習、而且很快就能學會的。這真的是一個好消息，不是嗎？

## 故事的開始：我的親身經驗

我深信自己是一個充滿愛心的媽媽。當我的兩個大孩子還小的時候，有五年的時間，我幾乎每夜都不得安寧。而當這一切剛剛結束，第三個孩子又來報到了。我想：「像我這麼有經驗的媽媽，不可能再出什麼差錯。」果然第一個星期順利的過去了。然而安德莉雅長得愈大，愈常在夜裡醒來要人餵奶。後來，為了方便，我們把她從嬰兒床移到自己床上，我先生沮喪的搬到閣樓，這樣至少他可以睡覺。

安德莉雅七個月大的時候，一夜要餵七次奶。凌晨四點以前，她根本沒辦法真正睡著，每十五到三十分鐘就會驚醒一次要吸吮奶嘴。甚至白天她也不願意睡在自己的床上。

　　只有在行車時或是在嬰兒車裡，她才有可能小睡半小時，而且還不一定是在哪個時段睡；她的睡眠時間全天加起來不到九個小時。我睡得當然更少──每次只有三十分鐘，至多兩個小時。這時候所謂的媽媽經或者心理醫師的專業知識都派不上用場，而育兒書籍也頂多就是告訴你夜裡父母可以輪流起床照顧小孩，或者說三個月大的寶寶通常已經可以一覺到天明。但是如果你的寶寶不是那麼一回事的話，「為什麼不是這樣？」、「不是的話，該怎麼辦呢？」這些問題他們根本沒提，也幾乎不能提供任何有效的建議。

　　我別無選擇，只能一日拖過一日。我的兩個較大的孩子──六歲的兒子小克和四歲的女兒卡塔麗娜──其實正值特別需要關愛的時候。小克剛剛上小學，而卡塔麗娜則開始上幼兒園。他們在這個變動的時期所得到的關愛太少了，而我的婚

姻也亮起紅燈，所有的事情都不對勁了。我只能說命運似乎不太公平，身為母親的我正在被一個睡不好的寶寶處罰，即便我已經將所有的愛都灌注在她的身上。

## 令人驚訝的知識

我不過是在寶寶七個月大的健康檢查時，順便跟我的小兒科醫師摩根洛特先生（也是本書的合著者）提及我的焦慮，我並不指望能得到任何有用的建議。因為對於我之前兩個孩子的睡眠問題，他也只有表現出沒什麼具體幫助的同情而已。

然而這次不同了。他出乎意料的問我：「你希望情況能改善嗎？」接下來我們展開了一段深談。摩根洛特醫師和我分享了他在波士頓一家有名的兒童醫院進修的經驗，在那兒他認識了兒童睡眠研究中心的負責人斐博教授（Richard Ferber）。早在八〇年代中期，斐博教授就已經發展出一套方法，讓父母不但能在短時間內將小孩哄睡，並且還能一覺到天亮。摩根洛特醫師把這套方法和相關論文都帶回德國了。他把這些資料拿給我

這個疲累不堪的母親看，讓我喜出望外。

　　這回我真的是開了眼界，很快的我就明白，為什麼我的寶寶這麼難睡，以及之後我該注意什麼。所有的一切都豁然開朗，除了這個問題：「為什麼我自己早沒想到？」

## 舉手之勞立大功

　　我的小女兒安德莉雅成為我的第一個「病人」。兩個星期之內，她學會了白天在固定的時間睡兩個半小時，晚上則不中斷的在她自己的小床上從八點睡到隔天早上七點。她的睡眠加總起來，比之前至少多了三個小時，從此家裡又有了生氣，我們的生活品質也大大的提升了。只不過是小小的舉手之勞，居然可以獲得這麼大的正面效果！我們當然要讓更多的父母知道這個有效的方法，也讓大家了解寶寶睡眠的必要知識。從第三章開始我們會詳細的介紹這個方法。

## 成功的合作就此開始

從此，摩根洛特醫師和我展開了一段成果豐碩的合作。接下來幾年，摩根洛特醫師和我各自進行了數百次的諮詢談話，對象是孩子同樣有睡眠問題的父母。諮詢結果非常成功，寶寶的睡眠問題大多在第一次諮詢的幾天後就解決了。

漸漸的，只有真正嚴重的睡眠問題才需要進行個別諮詢。常見的一般睡眠問題，父母們只要閱讀本書就能自行處理。

## 睡不好的小孩 vs. 備受壓力的父母

當你沒有孩子的時候，一覺到天明是正常的。但對新手父母而言，這絕對不是自然而然的事。大家都知道，小嬰兒有時夜裡會啼哭，但是他們什麼時候會停止這種行為？一夜被孩子叫起來一次，父母通常都還能忍受；然而，假使父母一夜要被孩子叫醒好幾次，那就麻煩了。如果這種情況只是持續數星期，或許還熬得過去；但是時間一久，生活品質便會降低，父母的疲累也無法恢復。這時候，問題就會浮現：「這種情形還

要持續多久？這種行為會自動消失嗎？」無干擾的睡眠很珍貴，而且對於整個家庭來說非常重要。「好好睡覺」對新手父母來說，無疑是持續發燒的議題。

## 睡眠狀態研究

二○○四年，美國睡眠狀態研究協會做了一項關於孩童睡眠的大規模研究調查，受訪兒童的年齡從零歲到三歲。為了調查結果盡可能具有代表性，受訪的父母和孩子都是按照統計特性謹慎挑選出來的。

但是在這項調查中，所有一歲以下的孩子都被歸在同一組，這是很可惜的，因為一歲和剛出生的寶寶兩者在睡眠習慣上剛好差距最大。根據美國這項調查結果，一歲以下的孩子大約只有三分之一能一覺到天明，這和我們的調查結果正好吻合。

## 問卷調查結果

接下來便是我和摩根洛特醫師針對四週到四歲嬰幼兒所進

行的睡眠狀態調查結果。我們想更明確的知道，不同年齡層的小孩可以一覺到天明的人數，以及夜裡醒來一次、兩次或兩次以上的小孩又各有多少人。我們總共訪問了四百五十七位媽媽，她們孩子的年齡分別介於四週大到四歲之間。

圖 1-1 顯示各年齡層中可以一覺到天亮的孩子所占的比例。在所有年齡層裡，這些孩子睡過夜的數量遠低於總數的一半：

- 四至六週大的寶寶，只有 6% 能睡過夜。
- 只有在一歲小孩的那個群組中，有超過一半（53%）的孩子能一覺到天亮。

對父母而言，這個結果表示：有了新生兒的第一年，父母通常不可能擁有無干擾的寧靜夜晚；就算有的話，也是例外。大多數的寶寶一夜至少會醒來一次，父母通常就得跟著起來。

圖 1-2 反映出在不同年齡層中，夜裡至少喚醒父母兩次的孩子所占的比例。

- 四到六週大的寶寶，有將近半數會在夜裡醒來多次。
- 三到四個月大的寶寶，有三分之一會在夜裡醒來多次。

- 一到兩歲的寶寶，有四分之一仍會在夜裡醒來。

- 直到四歲以後，小孩在夜裡醒來，並且吵醒父母的情形才會明顯減少。有這種情形的四歲小孩只占不到 10%。

之前介紹的美國調查研究也得到相似的結果。該問卷調查結果顯示，寶寶滿週歲以前，幾乎有一半會在夜裡醒來多次；一歲到三歲以前，只剩下 9% 的寶寶會如此。

## 問題不會自動消失

我們的調查結果反映出一項事實——寶寶的睡眠問題在三歲以前不會自動消失。如果六個月大的寶寶還不能一覺到天明，可預見的是，一年後的夜裡父母還是會繞著寶寶團團轉。

有些寶寶曾經有數週、甚至數月的時間睡得非常香甜，卻在一次生病或是度假後改變了睡眠習慣，從此無干擾的寧靜夜晚不再。然而這些寶寶所占的比例，是這項統計可能無法顯示出來的。

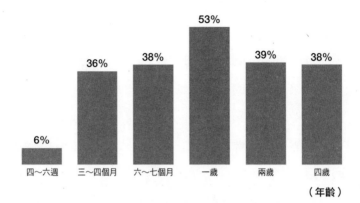

圖 1-1：有多少孩子能睡過夜？

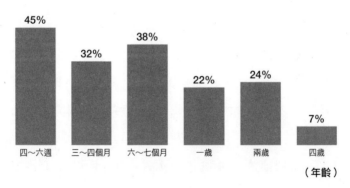

圖 1-2：有多少孩子會在夜裡醒來兩次以上？

## 「壓力溫度計」

　　「孩童的睡眠干擾」，一般指的是小孩入睡需要的時間較長或夜裡醒來多次，或者兩者兼俱。孩子整體睡眠時間太少，所以白天鬧得厲害。父母當然也深受其害，因為睡眠會跟著被打斷，畢竟醒來後要馬上再入睡並不容易，而且損失的睡眠常常是補不回來的。

　　所有的父母——幾乎都是帶著孩子來診所的母親，總是會被特別問到：「感覺壓力大不大？」為此，我們設計了「壓力溫度計」（見右頁）。

　　有很多父母因為夜裡無法好眠而倍感壓力，尤其夜裡必須起來兩次以上的媽媽們，往往會感到無比沉重的壓力及疲累，只有很少數「難睡」的媽媽會把自己歸入寧靜和沉穩的級別。相對而言，「好睡」的媽媽就甚少感到壓力大或疲勞。

　　大多數媽媽都很享受寶寶四個月大的這段時期，和其他時間相比，這時媽媽們的壓力指數相對較低。世界上有什麼比一個微笑、安靜又滿意的躺著的寶寶更美好的事？「三個月腸絞

# 你覺得壓力大嗎？

如果寶寶有入睡和睡眠無法持續的問題，父母的壓力會特別大。你可以測量看看，寶寶的睡眠行為和你的「壓力指數」有多大關係。

1. 請你從壓力溫度計上，找出自己目前感受到壓力的程度。
2. 你的孩子平均每夜叫醒你幾次？
3. 你覺得你的壓力指數，和寶寶的睡眠行為之間有關係嗎？

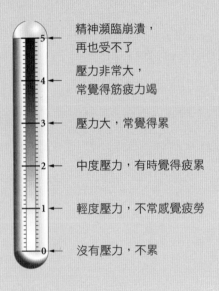

精神瀕臨崩潰，再也受不了

壓力非常大，常覺得筋疲力竭

壓力大，常覺得累

中度壓力，有時覺得疲累

輕度壓力，不常感覺疲勞

沒有壓力，不累

痛期」過去了，寶寶不再經常聲嘶力竭的哭叫；他還沒有辦法四處搗蛋，一天甚至可以睡上十五個小時之久。即使寶寶還是有睡眠問題，父母也多半不會跟這個時期的小寶貝計較。

　　全心全意的為孩子付出奉獻是一件美好幸福的事。絕大多數的父母親都全心付出，而且準備好奉獻自己。但是個人該有的生活品質應該儘早恢復，這不但對母親有好處，對寶寶和其他家庭成員也都有益無害。

## 重點整理

### ☑ 睡眠問題在小寶寶身上是很常見的

「我家的小孩沒辦法睡過夜,該怎麼辦?」對許多父母而言,這是個非常急迫的問題。每三個嬰兒至少有一個會在夜間醒來哭鬧多次,而且這個問題通常不會自動消失。

### ☑ 難睡的孩子會造成父母的壓力

「好睡」的父母通常感覺平靜穩定。
「難睡」的父母——尤其是母親——通常倍感壓力和疲累。

### ☑ 「難睡」的小孩並不是「問題寶寶」

小孩是具有學習能力的小人兒。所有健康的寶寶在六個月大時就能單獨入睡,而且一覺到天明。如果你的寶寶還做不到,這是可以且很快就能學會的。

# 孩童睡眠知多少？

# 你的孩子睡多久？

## 寶寶的睡眠時間

你一定聽過驕傲的媽媽們這麼說：她們的「乖寶貝」生下來後只在餵奶的時候才醒，而且幾週後就能睡過夜。的確真的有這種天生的「好睡寶寶」，他們在沉睡時不會被任何動靜驚醒。對孩子生來活潑好動的父母們而言，這簡直是天方夜譚；他們的寶寶絕不願錯過任何事，而且視睡覺為無物。

或許你不像好睡寶寶的父母一樣好命，但也不必灰心，即便是活潑好動的寶寶，也可以學會晚上在適當的時間入睡，而且在自己的小床睡到隔天早上。如果孩子中間短暫醒來，他們也都能學會怎麼處理，不需要叫醒父母。

很多睡眠特別短的寶寶——比方說六個月大、只睡九個小時——也能學習拉長睡眠時間。就算寶寶真的只需睡這麼少，他們至少可以學習如何將這短短的睡眠完全挪到晚上，並且將作息調整到和父母相同。

少數寶寶有天生的神經性干擾，這會讓他們睡不安穩，而且在夜裡規律的醒來好幾小時。這時，我們介紹的睡眠學習計畫將不會太管用，但是這種情形並不多見，大多數孩子都是健康、有能力學習好好睡眠的。他們都能夠養成適齡的睡眠習慣。

以下我們要來了解孩童的睡眠歷程。本書所提供的建議，都是建立在這個知識的基礎上。

## 一夜有多長？

孩子該睡多久？最新的資料顯示：孩童實際的睡眠時間比大部分父母估計的少得多。

寶寶出生後第一週，夜裡睡得非常少。在圖 **1-3** 的統計圖中，我們可以看到夜晚睡眠時間是如何隨年齡發展的。黃線畫出的是父母所給的數據紀錄，藍線則是我們「潤飾」過的線條，兩條線之間的差距很小，幾乎沒什麼不同。新生兒在最初兩個月的夜間睡眠時間少於八小時，之後才會漸漸的增加。六

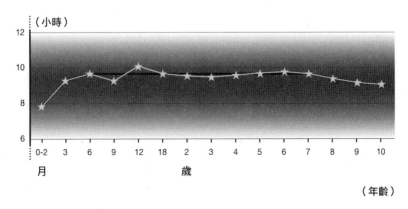

圖 1-3：夜晚睡眠時間

個月大時，平均夜間睡眠時間約為十個小時，一直維持到孩子七歲大，接下來孩子對睡眠的需求又會漸漸減少。從嬰幼兒期到學齡兒童期，孩子的夜間睡眠時間幾乎沒有改變。

　　美國的調查報告指出，只有少部分的兒童夜裡能睡超過十一個小時。早期的報告中大部分估計的夜間睡眠時間比較長——在蘇黎世一份長期研究調查中，父母對孩子夜間睡眠時間的估計平均多出一個小時。這樣看來，孩子平均的夜間睡眠時間約為十至

十一個小時。當然有些小孩的睡眠習慣很好，會睡得比較久、比較沉。關於這一點，稍後我們會有更多的探討。

孩子從幼兒期到學齡前，夜間睡眠時間改變不大。這個好處是，年齡差距不大的兄弟姐妹在前幾年可以大約在同一個時間上床。孩子對睡眠的個別需求則可以透過睡午覺來平衡。如果年紀小的孩子需要的睡眠特別少，而年長的孩子剛好很好睡，那麼年紀大的孩子就應該比年紀小的先上床。

## 睡眠如何分配？

新生兒體內還沒有時間感──他無法分辨白天和晚上，兩個時段睡得一樣多。他的睡眠時間平均是十六小時，這十六個小時會被切成長短不一的時間區塊，平均分布在白天和夜晚。出生後的第一週，狀況也常與平均值有很大的誤差。

新生兒會在三至六個月大的時候，慢慢學習到如何分辨夜晚和白天。他們夜裡的睡眠時數會漸漸增長，白天睡眠的次數和長短則相對減少。三個月大時，嬰兒夜間便會睡得明顯比白

天長，這時期很多嬰兒在白天只小睡三次。

## 什麼年紀應該睡多少？

　　等到寶寶六個月大，時機便成熟了。他們可以在夜裡不間斷的睡上約十小時（睡眠期間不餵食），而且所有健康的寶寶都能學習這個睡眠模式。你的孩子如果夜間沒有睡夠，白天也可以補回來。六個月大到剛滿兩歲或兩歲半的寶寶，白天只需要兩次睡眠──一次早上、一次下午；之後你的孩子會調整到一天只睡一次午覺。在兩歲到四歲間，大多數孩子連午覺的習慣也戒了。至於夜晚的睡眠會從七歲開始漸漸縮短，每年大約縮短十五分鐘。

　　從**圖 1-4** 你可以看到孩童睡眠的長度是如何發展的，以及睡眠如何隨著年齡分布於白天和夜晚。這是美國睡眠研究得出的數值，該研究所得出的睡眠時間特別短；瑞士的孩子白天則明顯睡得多些。若你將孩子的睡眠習慣與美國研究的數值比較的話，可能有一到兩個小時的誤差；尤其是白天的小睡，差別更

# 你的孩子睡多少？

幸運的是，幼兒和兒童不只在夜裡睡覺，他們白天也睡。睡多久和頻率多寡取決於他們的年紀、他們對睡眠的需求，以及睡眠習慣。下列問題可以幫助你了解你的孩子實際上睡了多少。**圖1-4**則提供你一個平均比較值。

**你的孩子夜裡睡多久？**

○ 少於八小時
○ 八至九小時
○ 九至十小時
○ 十至十一小時
○ 多於十一小時

**你的孩子白天睡多久？**

○ 少於一小時
○ 一至兩小時
○ 二至三小時
○ 多於三小時

---

**你的孩子白天也睡嗎？**

○ 沒有
○ 是，一天一次
○ 是，一天兩次
○ 是，一天多次

---

**你的孩子白天和晚上加起來總共睡多久？**

_____ 小時

---

**你對孩子的睡眠需求滿意嗎？**

是明顯。

當然在很多孩子的身上還有「發展空間」──如果他們養成良好的睡眠習慣，可以睡更多。根據我們對父母所進行的調查，幾乎有一半受訪的父母覺得他們的寶寶睡得太少。

有些孩子在白天的時候會揉眼睛、哭鬧不止，而且對什麼都提不起興趣；有些孩子則是一副心滿意足的樣子，可以自己玩上很長時間。父母往往在「睡眠訓練」之後才察覺，他們的孩子要是再多睡幾個小時，脾氣會更好。

可能你也會發覺你的孩子睡得比圖 1-4 上的平均值多。通常這不需要擔心，或許你的孩子只是單純想睡這麼久。

## 發作性嗜睡症

這是一種睡眠需要量很大且無法抵抗的睡眠需求，發作時會讓孩子每天多次進入深沉的睡眠。這種例子雖然很罕見，但它可能是一種叫做「發作性嗜睡症」的病徵。這種病通常上小學以後才會出現，而且病例實在極端稀少，少到我們不需要再

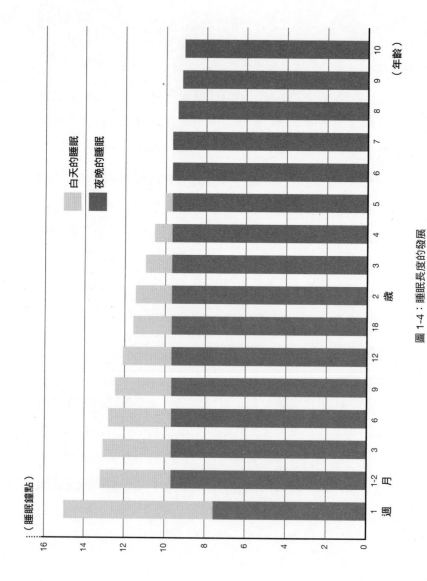

圖 1-4：睡眠長度的發展

做進一步解釋。如果你真的覺得孩子嗜睡得離譜，而且白天還是昏昏沉沉，那你最好向小兒科醫師諮詢。

## 缺乏疲勞

　　將孩子睡眠時間的長短跟統計圖數值比較時，你會發現：你的孩子整體來說，睡眠時間足夠，可能多於平均值，只是他晚上不想上床或是夜裡會突然醒來想玩。如果這發生在一個睡眠不足的孩子身上，更會增加父母的負擔。

## 半夜堆積木

▶▶　每兩夜一次，十二歲大的蜜拉總是會在凌晨大約一點時醒來，而且接下來的一到兩個鐘頭內精力充沛。她不但完全不想再繼續睡，而且還想要「玩」。

　　半夜一點了，這時候蜜拉的媽媽當然沒有跟女兒一起堆積木的心情。她試著給她奶瓶，把她帶到自己的床上一起睡──一切都只是白費力氣。媽媽只好沮喪的把蜜拉再放回她自己的

小床。蜜拉哭喊了一個小時，然後才又慢慢入睡，同樣的戲碼每兩天要上演一次。

我們諮商的結果是，蜜拉睡覺的時間是問題的核心。蜜拉情況「好」的時候，也就是夜裡不會醒過來的時候，她可以從晚上七點睡到早上七點，再加上三個小時的午覺，她總共睡了十五小時！正因為缺乏疲勞，蜜拉才會在半夜醒過來。解決的辦法很簡單──在蜜拉午睡一個半小時後，就必須把她叫醒。這樣做之後，第二夜她就能一覺到天明了。蜜拉的媽媽目瞪口呆，她太高估孩子對睡眠的需求了。

這種情形還不少見。「希望寶寶晚上六點上床、睡到早上九點」──這個父母們開玩笑說出來的願望，還是不要實現比較好。

**誰讓寶寶晚上六點上床，**
**誰就必須承擔寶寶早上四點精神飽滿醒來的後果！**

## 太早上床

十歲悟斗的故事告訴我們，年紀稍大的孩子也可能有太早上床的問題存在。

▶ 悟斗的媽媽每天晚上七點到七點半之間就趕兒子上床，並且順手把他房間的燈也熄了，但這位單親的上班族媽媽並沒有因此得到她渴望的寧靜夜晚。悟斗總是會從房間出來要水、要吃的，或者要和媽媽「討論」，一直折騰到九點半或十點才真正入睡。

週末悟斗想多晚睡就可以多晚睡，這反而讓他高高興興的去睡。週末的時候，他也是早上七點就起床，和週間他必須上學的時候一樣。很顯然，悟斗已經得到充分的睡眠，九個半鐘頭也大致合乎他這個年齡的睡眠時間平均值。

雖然如此，他的媽媽還是不希望跟兒子在客廳一直耗到晚上十點。我們商量出一個辦法：悟斗必須晚上七點半以前就在床上躺好。如果他遵守約定，媽媽就坐在床邊陪他到八點，悟斗可以選擇聊天或一起玩。然後媽媽離開，悟斗可以自己在房

間裡玩到九點半，條件是這段時間內他不可以吵媽媽。悟斗馬上同意這項提議。他現在可以在熄燈後幾分鐘內就入睡。

## 睡眠時到底發生了什麼事？

五十年前，兩位美國科學家阿瑟林斯基（Eugene Aserinsky）和克萊特門（Nathaniel Kleitman）發現，睡眠並不是一種穩定的狀態。實驗室裡可以透過 EEG（腦波圖，一種記錄腦電波的方法）正確測出腦部整晚的活動。藉此我們可以區分出兩種非常不同的睡眠類型，專業術語分別是「REM 睡眠」（REM，rapid eye movements，快速動眼睡眠）和「非 REM 睡眠」（NREM，non-rapid eye movements，非快速動眼睡眠）。我們一般的說法則是「作夢」和「深睡」。

## 深睡期和作夢期

我們剛睡著時，會先陷入一個非常安寧的深睡裡。我們會先後經歷深睡的四個階段，就好像慢慢走下樓梯，一步步陷入更深的睡眠。到達第三和第四階段的時候，呼吸會變得非常和緩，心跳規律，大腦也處於「休息」狀態。在 EEG 儀器上可以看到大的、緩慢的波幅，即一般所稱的 Delta 波。在這個階段裡，大腦對肌肉送出的刺激非常少，也因此我們的身體動作不多，但是有可能會打鼾。

在第三和第四階段裡我們很難被叫醒，例如我們聽不到電話鈴響。就算醒來，一開始我們也會很迷糊，需要一點時間才知道自己身在何處。這個作用和某些兒童睡眠干擾（夜驚和夢遊）很相似，稍後我們在第四章會有深入說明。

二到三個鐘頭之後，深睡期（非 REM 睡眠）第一次與作夢期（REM 睡眠）交接。REM 這個科學名詞告訴我們，在這段睡眠時期，眼睛正在閉著的眼皮後面，正以相當快速的速度移動著，同時心跳和呼吸變得比較急促且不規則。這時身體會消耗

更多的氧氣，大腦忽然活動起來——我們作夢了！如果我們在
這個時期被喚醒，也許可以很清楚的講述最後一個夢境。

**靜靜的作夢**

　　直到今天，仍然沒有人知道我們為什麼作夢。我們知道的
是，作夢時無法夢遊或打架，因為我們的肌肉在作夢期幾乎都
處於停電狀態。大腦雖然往肌肉運送了很多刺激，但這些刺激
卻都在中途被脊髓擋住了。唯有這樣，人才可以在活動的夢境
中幾乎動也不動的躺在床上，在睡眠中休息。如果此時手部和
臉部肌肉有些抽搐動作的話，肯定和所作的夢有關。

**嬰兒睡眠型態的改變**

　　嬰兒和成人一樣，作夢期和深睡期會在夜裡多次互相替
換。但是在早產兒的睡眠中，作夢期占了 80%；而足月生下的
寶寶只占 50%；三歲的幼兒占三分之一，到了成人則只剩下四
分之一。研究睡眠的專家思索過，為什麼 REM 睡眠對母體裡的

胎兒及新生兒這麼重要。有幾位專家認為，嬰兒會在睡眠的同時訓練大腦成長——藉由夢境刺激神經束和神經梢，就像聽覺和視覺的作用一樣。也許胎兒在母體中和剛出生的第一週內用活躍的 REM 睡眠度過是有意義的，大腦可以藉此準備接收感覺，寶寶可以在睡眠中「學習」。

新生兒還有一個特點：他們剛睡著時，最先陷入的是作夢期。但是三個月大以後，最先進入的就是深睡期了。深睡期在新生兒時期還沒有成熟，要到六個月大以後，睡眠的四個階段才能被清楚的區別。這時寶寶的睡眠型態和成人的已經很相近了。六個月大寶寶的大腦已經發展得很好，睡眠型態也成熟到一覺可以睡上九、十，甚至十一小時！然而現實狀況為什麼卻常不是這樣？我們在下一段就會討論到。

### 睡眠模式：入睡、甦醒、繼續睡

早在八〇年代，斐博教授就已經解釋了睡眠過程和睡眠干擾的連帶關係。**圖 1-5** 顯示了一個六個月大以上且睡眠型態已經

成熟的寶寶的睡眠過程。

在這個例子裡，夜晚是從晚上八點算起、至隔日早上大約六點。如果你的孩子比晚上八點早一點或晚一點上床，那麼你可以把統計圖所標的時間點提早或延後。

在這份圖表中，你也可以分辨出我們之前已經解釋過的兩種睡眠形態：REM 睡眠（作夢期）與非 REM 睡眠（深睡期）。在**圖 1-5** 中，我們簡化了深睡期（原本有四個階段），只用兩個階段來表達：較淺的和較深的深睡。

較深的深睡出現在入睡後第二至第三個鐘頭，然後再一次出現是在清晨的睡眠裡，剩下的夜晚作夢期（REM 睡眠）會和較淺的深睡期（非 REM 睡眠）多次互相交替。圖上方七個深藍色箭頭代表「從淺睡或作夢中短暫甦醒」；前兩個在晚上九點半和十點的黑色箭頭則表示「從深睡期醒來的半甦醒狀態」。

在這個例子裡，孩子在晚上八點的時候被帶上床，約五至十五分鐘後孩子便進入沉睡。如果進入較深深睡期的寶寶還小的話，這時可能很難喚醒他。不管是打開吸塵器、開燈或是把

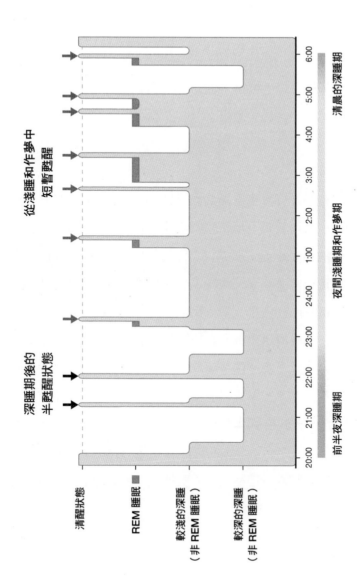

圖 1-5：六個月大以上孩子的睡眠模式

清醒狀態

REM 睡眠

較淺的深睡
（非 REM 睡眠）

較深的深睡
（非 REM 睡眠）

深睡期後的
半甦醒狀態

從淺睡和作夢中
短暫甦醒

前半夜深睡期

夜間淺睡期和作夢期

清晨的深睡期

20:00　21:00　22:00　23:00　24:00　1:00　2:00　3:00　4:00　5:00　6:00

寶寶從車中抱上床，甚至幫他換尿片，他還是會沉浸在安靜的
夢鄉之中。

## 千萬不能睡著

　　或許有些父母會提出異議：「我們的孩子沒有那麼快就睡
著！有時候甚至要哄一個多鐘頭。我們覺得寶寶好像在抗拒入
睡。」你的孩子也是如此嗎？原因很可能是，你哄他睡覺的
時候，寶寶根本還不累，他的「生理時鐘」還沒到要睡覺的時
候。這時候你該怎麼辦？請參考本書第二章的建議。

　　很多孩子表現出疲倦所有的徵兆，卻用盡一切力量來抵抗
上床睡覺。這該怎麼解釋？這些父母大多習慣要用一些手段哄
孩子入睡。他們不光單單陪著孩子躺在床上，他們也跟孩子一
起做些活動，直到孩子睡著。

▶　　瑪麗卡（九個月大）入睡時，媽媽要一直陪著她兩、三個
　　小時，期間要一直看著她的眼睛、握著她的手，而且還要
　　不時把她抱在懷裡。

又或者如同一些父母，他們「必須」和孩子一起躺在床上直到寶寶睡著。如果他們膽敢太早起身或是偷偷溜走，寶寶就會醒過來，一切都必須重新開始。

　　這些孩子有一個共同點：他們不能放鬆的依偎在自己的小床上等著睡覺。因為他們怕一睡著之後，父母的慈愛就會從他們身上溜走。

　　做父母的其實可以體會孩子感覺。假使你臨睡時想到：「我一睡著，被子就會被偷走。」相信你也會忐忑不安、難以入睡。同樣的，你的寶寶也想著：「我一睡著，爸爸媽媽就溜了。我只有一個辦法：千萬不能睡著！」還好不是所有的寶寶都有這種反應。很多寶寶的睡眠需求，戰勝了保持清醒的意志。

### 正常的甦醒過程

　　回到**圖 1-5**——每個孩子遲早都會睡著。對父母而言，這代表「現在我們大約有三個小時的清靜」。圖上標示「短暫甦醒」的箭頭，會在晚上十一點以後才出現——這也不巧是父母睡得

最沉的時候。

　　然而，有些孩子在入睡二十或三十分鐘後就會第一次啼哭，這可能表示他們還沒有真正睡著。正常的狀況是，寶寶在入睡一或一個半鐘頭後從熟睡中半醒過來，大部分時候父母對此不會有任何察覺。寶寶可能翻個身、嘴巴動一動、揉揉眼睛，或者喃喃自語，接著又繼續睡。引起這種「半醒」狀態的原因是大腦電流的改變。從腦波圖上我們可以清楚的看到，這個時刻也正是所有的睡眠模式混合在一起的時候。**圖 1-5** 中，晚間九點半和十點半的兩個黑色箭頭，指的正是這種狀態，這時寶寶會處於半睡半醒之間。

　　有些孩子的反應則不太尋常。他們起身在房間裡或屋子裡到處遊蕩 —— 他們在夢遊。有些孩子則不可控制的叫喊、抽搐、亂踢亂打，甚至持續達二十分鐘之久，這種情況叫做「夜驚」。這如果發生在小小孩身上，並不是一種精神病，而是睡眠成熟過程延遲造成的。我們會在第四章告訴你如何應付這種情況。

有超過 90% 的睡眠干擾和睡眠習慣有關。睡眠干擾是否會發生，取決於孩子沉睡三小時後發生什麼事。在前面的例子裡，第一次的 REM 期（作夢期）大約會在十一點時出現，之後會再出現六次。圖上箭頭所指的就是孩子在重新陷入熟睡期以前（不會像之前睡時那麼深眠），每過了作夢期後都會短暫甦醒一次。他們一夜大約會有七次從作夢期醒來，有時也從淺睡中醒來，凌晨三點之後頻率更高。許多父母可以準確認出時間，就是因為他們這個時候會被孩子規律性的吵醒。

## 沒有孩子能完全一覺到天明

　　所有的孩子──也是所有的大人──一個晚上通常會醒來好幾次，差別在於有些孩子馬上可以再入睡，父母甚至完全沒有察覺。相對的，有些孩子會真正醒過來開始哭，爸爸或媽媽會從沉睡中被叫醒，也必須起身哄他們的寶貝重新入睡。幸運的話，孩子每夜只啼哭一至兩次，也有可能每個作夢期之後──也就是一夜七次、甚至更多──都會醒來哭鬧。這並不

是做惡夢的關係，這是正常學習而來的行為。

# 睡醒就哭

## 為什麼孩子半夜常會醒來哭鬧？

你也許會問，為什麼在 REM 作夢期之後醒來是有益的？為什麼有些小孩能直接再入睡，有些卻每次都會哭鬧？

### 睡太熟是危險的

首先回答第一個問題。我們可以想像，遠古時代的夜裡對人類來說並不是太安全。他們睡在簡單的草屋裡，甚至毫無遮蔽，整夜熟睡會讓他們曝露在危險之中。在作夢期——尤其是每個作夢期快結束的階段——他們會很容易被驚醒，並且對可疑的聲響快速做出反應。就生物學的角度來看，帶有「警覺系統」的睡眠模式不但深具意義，還能幫助我們倖免於難。直到

今天，我們在睡眠的作夢期後，還能馬上因為可疑的聲響（例如燃燒物體的聲響）而驚醒。每次醒過來，我們都會查看是不是一切正常。寶寶和小孩也是一樣的。

現在輪到第二個問題：「為什麼我的孩子半夜常會醒來哭鬧？」孩子夜晚醒來時會檢查：我躺的姿勢對不對？我能得到足夠的空氣嗎？我覺得太熱或太冷嗎？有什麼地方會痛嗎？也就是說，他們會藉此機會檢查自己身體是否正常運作，這是非常重要的。他們同時也會「檢查」所有的事物是否都如同他們入睡前一般，感覺是否一切正常。

## 甦醒然後繼續睡

六個月大的凡妮莎在晚上八點被放到小床上，這時她還醒著。媽媽親吻她、道晚安之後，就離開房間了。凡妮莎找到她最舒服的睡覺姿勢，把大拇指送進嘴裡，很快就睡著了。三個小時後她第一次醒來，檢查一下是不是一切都正常——周圍的環境呢？大拇指呢？如果都沒問題，一切感覺都正常，凡妮莎

不需要啟動她的「警覺系統」，她便可放心在真正清醒之前再度入睡。不論是午睡或夜間睡眠，她都可以在每次醒來之後，再度自行入睡。

## 醒來就哭

　　提姆和凡妮莎一樣是六個月大，也還在吃母奶。凡妮莎從三個月大起，都是在還醒著的時候就被放到小床上自己睡。相反的，提姆總是在媽媽抱著餵奶的時候睡著，不論是白天還是晚上。媽媽晚上八點抱著他坐在搖椅上輕輕搖，十到十五分鐘後就可以把睡著的提姆放到小床上。

　　跟凡妮莎一樣，提姆在三個小時後第一次醒來。雖然他的身體沒有感覺不適，可是——發生了什麼事？媽媽的溫暖和味道哪裡去了？輕輕搖擺的感覺哪裡去了？還有，乳房哪裡去了？剛剛不是還依偎著媽媽，好好含著媽媽的乳頭嗎？提姆也同樣在檢查他的環境是不是一切無恙。但是他的「警覺系統」發出警告：很多事情不對勁了！他孤單的處在一個不同於入睡

時的環境裡。提姆馬上完全清醒，用盡全身力氣開始哭喊。很快的，還沒完全清醒的媽媽就來把他抱起，坐在搖椅上輕輕的晃。「沒錯，」提姆心想，「這才是睡覺時該有的感覺。這樣才對。」他要媽媽輕柔的搖晃著，而且就算不餓，也要嘴裡含著媽媽的乳頭直到睡著。

這個遊戲會在凌晨一點時重複一次，三點半一次，接著四點半和五點再各一次。提姆是一個健康活潑、惹人喜愛的寶寶，父母感到幸福驕傲，因為他在這個年紀已經學會很多事情了。但是有一件事他還沒學會──自己睡覺。白天不行，晚上不行，夜裡醒來後更是不行。提姆學會的反而是：「我夜裡醒來後，一切都和我入睡時的習慣不同。我必須哭喊，媽媽才會恢復一切。她如果沒有馬上過來，我就得哭得大聲一點、久一點，我還是可以得到我所習慣的一切。只有我認識的才是對的，就這麼簡單！」

提姆是這麼「想」的。他真的已經學到很多！媽媽會在夜裡多次幫助他入睡，畢竟餵奶這件事沒有人能代替她。她拖

著疲憊的身子犧牲奉獻，卻完全沒辦法改善提姆的情況。相反的，她在阻礙改變，提姆完全沒有機會學習到「不依賴他人而入睡才是正常的」。他如果學到這件事，也能一覺到天明。

## 依賴媽媽入睡

有很多類似提姆的小孩，晚上和夜裡睡覺時要依賴父母。他們有一個共同點：他們在某種條件下進入夢鄉，夜裡醒來後自己卻無法恢復這種環境條件——這要等到孩子大約三歲時才能辦得到。所以睡眠干擾在兩歲前常常發生，而三歲後發生的機率就相對降低了。

▶ 以羅勃（六個月大）為例，他雖然獨自在小床上入睡，但是他需要吮著奶嘴。他的媽媽每天夜裡要起身十次，幫他把奶嘴塞回嘴裡。羅勃還無法自己找到奶嘴。

▶ 堤爾（十個月大）也是自己睡在床上，但是要抱著奶瓶。一夜下來，爸媽要幫他撿上九次奶瓶。

▶ 吉娜（十五個月大）在習慣了邊喝奶邊睡覺後，現在她甚

至要在夜裡吃一公升的濃稠奶糊。

▶▶ 克里安（十二個月大）要人抱著才肯睡覺 ，所以晚上幾乎
每小時都得抱他十至二十分鐘。

▶▶ 亞尼克（八個月大）則是要坐韻律球。夜裡媽媽或爸爸要
抱著他坐在球上，上下彈動個十分鐘，直到他睡著為止。

▶▶ 蕾娜（十一個月大）從來沒有在自己的小床上睡著過。她
一直是在媽媽的床上喝著母奶入睡的，因此媽媽一個晚上
要餵六次奶。

▶▶ 弗里昂（十二個月大）的入睡習慣和蕾娜一樣，但他還要
玩媽媽的頭髮。

▶▶ 安妮娜（六個月大）完全不想睡在她自己的床上。不管白
天、晚上或夜裡，她都是在吊床上被搖著入睡。

　　有些孩子的入睡習慣聽起來或許可笑，但這卻是無計可施
的父母硬想出來的解決之道。他們為了要哄小寶貝入睡，已經
是無所不用其極。有些父母把自己當成腳踏墊，躺在兒女的小
床邊；有些人深夜開車載孩子兜風，或者推著娃娃車在家裡打

轉。有些打開吸塵器或電視，還有個媽媽讓洗衣機脫水，把小孩放在上面哄他們睡覺。

　　儘管哄小孩睡覺的方式千奇百怪，達到的效果卻與父母的期望相反——這些方法不但只能暫時發揮作用，而且還妨礙了小孩學習如何好好睡覺。事實上，孩子入睡的能力是與生俱來的，只要給他們機會，所有的寶寶都可以學會。


## 獨自一人睡得較好

　　我們前面提到的凡妮莎便能在夜晚獨自一人睡覺，她可以自己找到大拇指。因為她從一週大開始便醒著上自己的小床，所以她覺得這是正常的，而且很自在。不管大家再怎麼反對吮大拇指的習慣，像凡妮莎這樣的大拇指寶寶倒是絕少有睡眠的問題。

　　當然，代替大拇指的奶嘴也很有用，但前提是孩子要能自己在夜裡找得到奶嘴。兩歲開始——基於安全考量，不可以早於兩歲——也可以用小毯子或絨毛玩具幫助孩子入睡。這兩者

在夜裡很容易就可以摸到。

　　獨自一人入睡、不靠父母幫助的孩子，的確睡得比較好。有一個研究可以證明，那就是在第 36 頁提過的睡眠狀態研究出現一個令人側目的結果：大約有一半的受訪父母會把小孩哄睡後才放到小床上。和那些直接在自己小床上入睡的孩子相比，這些孩子睡得比較不好，也較常醒來。但這不是唯一的差異之處：

## 需要父母哄睡的孩子，夜裡平均少睡一個鐘頭！

### 只有夜裡醒來才需要幫忙

　　孩子晚上的入睡模式通常會與夜間睡眠習慣的好壞有關。但也並非全然如此：

▶▶　安娜蓮娜（一歲）從出生後一直是獨自在小床上入睡，但是每夜總要喝掉一大瓶寶寶茶和牛奶。她特別聰明，夜裡醒來時總想要享受和昨晚一樣的待遇。

　　她學會了區別：「晚上單獨入睡是簡單的，夜裡醒來再單

獨入睡是難的；晚上我可以單獨在小床上入睡，夜裡就必須給我奶瓶。」像安娜蓮娜這樣的小孩特別容易重新學習。別的小孩必須學習的「單獨入睡」，他們已經會了。

## 夜裡再也睡不著的爸爸

▶▶ 勞拉是一個溫和單純的孩子。從出生開始直到四歲，她一直和爸媽同睡一張床。因為她睡覺很文靜，所以父母對同睡並不以為意，也沒有想要改變。

勞拉四歲時，有一天板著嚴肅的小臉宣布：「我已經長大了，現在開始我要在自己的床上睡覺。」她說到做到，這反而令勞拉的爸爸很難過。女兒依偎著他的背睡覺已有四年之久，他已經太過習慣這個感覺，以至於他後來夜間甦醒時無法再度入睡。他的夜間警覺系統指示：「有事情不對勁了！」於是勞拉的爸爸把女兒重新抱回自己床上，直到女兒多次抗議：「我已經長大了！」爸爸這才放棄。不管願不願意，勞拉爸爸的睡眠習慣必須根據沒有女兒在身邊依偎的狀況而重新調整。

## 重點整理

每個小孩都能學習單獨在小床上入睡，並且一覺到天明。如果你了解孩子的睡眠過程，你就能明白這些建議奏效的原因。

### ☑ 寶寶六個月大時，就能分辨白天和晚上

他們的睡眠模式已經成熟，過程幾乎和成人一樣。他們能夠十個小時不間斷的睡，而且夜裡不需要進食。

### ☑ 夜間醒來是正常的

睡眠不是單一的狀態。在夜裡，深睡期和作夢期會多次互相交替。每次作夢期後，孩子會暫時甦醒，這是完全正常的。

### ☑ 固定的入睡習慣可能造成孩子難睡

許多孩子在夜間醒來後無法自己重新入睡，每次都會哭著找爸爸媽媽。這些孩子並不是「有問題」，而是學習能力特別強。他們學到：不論白天、晚上或半夜裡，入睡和某些活動是牽連在一起的。他們自己無法滿足入睡時的習慣條件，所以需要父母的幫助。

### ☑ 單獨入睡的孩子也能一覺到底

能夠自己單獨在小床上入睡的孩子，極少會有睡眠問題。雖然他們也會在夜裡醒來多次，但是都能自己再入睡，不需要依賴父母的幫助。

# CHAPTER
# 2

# 讓你的孩子成為
# 「好睡寶寶」

本章你將讀到

## 寶寶滿六個月前，

### 哪些準備可以讓孩子成為「好睡寶寶」？

## 什麼是寶寶睡眠安全？

### 寶寶哭鬧很頻繁，該如何幫助他？

#### 如何在寶寶六個月大時讓他養成良好的入睡習慣？

## 「與父母同睡一床」須知

#### 哪些固定的睡覺時間對孩子有益？

# 出生後的前六個月

寶寶出生後的第一週，對所有人來說都是很興奮的時期，尤其是第一胎。許多父母，在情感上完全被這個徹底改變他們生活的小生物給淹沒。他們絕不讓寶寶離開視線範圍，不管白天還是夜晚，寶寶一定要近在咫尺。

　　在許多父母身上，伴隨這些正面感情而來的還有疲累，偶爾加上力不從心的感覺──尤其寶寶哭鬧不停，父母難得片刻寧靜，更別提好好睡一覺了。到底該聽從哪些建議呢？

　　假使你的寶寶還小、甚至還在肚子裡，那你就有機會從一開始養成孩子良好的睡眠習慣，麻煩根本不會發生。如果你的孩子已經幾個月大，也有了非常固定卻不甚良好的睡眠習慣，剛開始要改變這種情形的時候，他可能反應激烈。

　　我們會在第三章裡介紹如何養成孩子良好的睡眠習慣，同時又兼顧到他的睡眠需求。

　　在接下來的幾頁裡，我們要說的是如何讓你的孩子從出生的第一天起就好睡。你現在已經大略知道良好的睡眠習慣從何而來，會造成什麼影響。你可以利用這些資訊，主動預防孩子

的睡眠問題。

**假使你的孩子可以從一開始就是個好睡寶寶，**
**第三章的建議完全派不上用場，**
**那正是我們所樂見的。**

## 寶寶怎麼睡才安全？

提到孩子的睡眠，最重要的就是安全。

在德國，一萬個嬰兒中就有五個在一歲之前猝死，通常原因不明。一個之前看似完全正常健康的嬰兒，忽然意外在睡眠中死亡，這是滿一歲以前嬰兒最常發生的死因。

寶寶兩個月和三個月大時，猝死的風險最大，之後就會明顯下降；第六個月大開始，猝死的機率變得很小；一歲以後，猝死的危險性已經微乎其微。

嬰兒猝死的原因仍不明確，但近幾年有愈來愈多針對潛在危險性進行的研究，提出了許多有效的預防建議。一九九〇年前，在德國，一萬個嬰兒中有十八個猝死，每年有多於一千件的死亡案例；二〇〇四年已降到三百二十三件。

　　荷蘭透過積極的宣導，嬰兒猝死的死亡率為歐美最低──一萬個以上的嬰兒才有一件猝死。如果德國也能辦到，每年就可以多存活兩百五十個孩子。

## 以降低風險為目標

　　父母該怎麼做才能將嬰兒猝死的風險降到最低？截至目前，德國仍沒有全國一致性的宣導活動。許多地區各自出版的宣傳手冊內容大同小異。83-84頁是二〇〇五年十一月，美國兒童醫學院的一個醫師工作小組依據最新的研究結果所提出的建議。

　　或許你會納悶，嬰兒猝死鮮少發生，為何需要如此重視？我們認為，當一個健康的孩子就這麼在睡眠中死去，這是可怕的悲劇。只要能夠阻止一件，花多少工夫都是值得的。

# 睡眠時間與入睡習慣

你現在已經知道，在孩子滿週歲前怎麼睡最安全。接下來我們要談的是，如何儘早讓你的孩子成為好睡寶寶。

在第一章中，你已經知道新生兒還無法分辨白天或夜晚，他餓了就醒、飽了就睡，有時候每一到兩個鐘頭就要吃一次。要再等上四到六個月，他體內的「生理時鐘」才會發展完全。這個「生理時鐘」會調整體內機制以適應睡眠狀態，比方說，讓體溫在夜間降低。但是這個生理時鐘和一天二十四小時的週期並不一致。在沒有規律的三餐、起床上床睡覺等外來影響的情況下，我們的生理時鐘在大約二十五小時之後才會宣告第二天的開始。也就是說，我們總是有一小時的「庫存」。

或許你在度假的時候也親身經歷過——孩子經常一天比一天更晚上床，而且假期接近尾聲時，早上常睡到爬不起來。孩童，也包括小嬰兒，需要某種規律性，他們的生理時鐘才能調整成有規律作息的一天。在新生兒的第一週，你就可以幫助他

## 六大要點，確保寶寶的睡眠安全

### 1. 睡覺時務必讓寶寶面朝上仰躺

寶寶出生後應該立刻習慣面朝上的姿勢，最好在醫院就開始。過去我們認為仰躺會讓寶寶容易噎到，這是不對的。千萬不要讓你的孩子趴睡，側躺也要避免，因為寶寶容易一翻身就變成趴睡，只有面朝上是安全的。在美國，文宣做得非常順口，叫做「背著睡」（back to sleep）。你怎麼記並不重要，但是千萬要照做。

當你的孩子是清醒的，而且是在你的看顧下，當然可以趴著玩。他也可以藉機試試自己的運動機能。當孩子能夠自己從仰躺翻身趴起來，你就不需要再在夜間起身替他翻身了。但你最好還是在白天給孩子機會練習如何翻身回到仰躺。

### 2. 停止抽菸

除了趴睡之外，抽菸在風險排行榜裡高居第二。抽菸固然對肚子裡的胎兒特別致命，但孩子出生後，你也應該提供他一個無菸害的環境，因為你很清楚二手菸一樣危險。

### 3. 給寶寶一張合適的床

你的寶寶需要一張堅實、有彈性的嬰兒床和一個睡袋，其他像是枕頭、被子、羊毛皮、鬆軟的襯墊、床頭罩等都是多餘的。你的孩子需要呼吸，得到空氣。寶寶的呼吸可能會被太軟的襯墊或上列物品所阻礙。基於同樣的理由，就算是可愛的絨毛玩具，在小孩滿一歲以前，也不宜帶到嬰兒床上。你的孩子不需要枕頭，也不需要蓋被子。一件可以按季節調整厚薄的合身睡袋，永遠是最能溫暖寶寶的，而且寶寶也不會把睡袋拉起蓋到頭上。至於在最熱的夏天，孩子只需要穿一件薄衣，其他什麼都不需要。

### 4. 注意室內不要太溫暖

室溫攝氏十八度已經夠暖和。寶寶冬天睡覺時，也不需要戴帽子和蓋厚被子，不要讓孩子過熱。你可以用手試探孩子兩個肩胛骨之間，假使皮膚摸起來溫暖乾燥，那就一切正常。

### 5. 讓孩子在小床上睡，但是自己要睡在他的附近

對剛出生到六個月大的寶寶來說，最安全的睡覺地方便是父母房間裡自己的小床上。寶寶滿週歲前，你也應該睡在聽得見寶寶的地方。哺乳和餵奶的時候，寶寶當然可以和大人一起躺在床上，但是之後要再把寶寶放回他自己的小床。如果你有抽菸的習慣、太疲勞、吃了藥，或者喝了酒，你的寶寶更不該和你一起睡。和寶寶一起睡在沙發上尤其危險。

### 6. 哄寶寶睡覺時，給他吸吮奶嘴

沒有人知道為什麼，但是奶嘴能避免猝死的風險。請注意：

* 哺乳比吮奶嘴重要。剛開始如果不能兩全其美，那就先等一個月，待哺乳順利以後，再給孩子吮奶嘴。
* 如果你的孩子拒絕吸吮奶嘴，千萬不要勉強他！
* 白天或晚上哄寶寶入睡時，讓他吸著奶嘴。如果寶寶睡著後奶嘴掉了，就不要再把它塞回去。

辨別白天和夜晚，找到一個良好的睡眠週期。

## 換尿布和哺乳

在夜間，只有當寶寶尿布真的很濕時才需要更換。燈儘量不要太亮，而且餵完奶後馬上把寶寶放進他的小床。

## 減少「活動」

從一開始就讓寶寶只在白天玩耍。比方說，在白天，你可以把換尿布這類例行程序延長，一邊換一邊親吻寶寶；寶寶剛剛醒來或睡飽了的時候，要給他特別多的關愛，抱他、搖他、或者讓他坐在娃娃車裡推他。但是一到夜間，就必須保持環境的寧靜。

## 夜間餵奶

如果你的寶寶喝完奶不願意馬上睡著，可以讓他獨自玩一下。等到他開始哭鬧、沒有辦法安靜下來，再去安撫他。你可

以輕輕撫摸他、抱他、搖他、唱歌給他聽,或者跟他說話。

　　但是夜間經常給寶寶餵奶是沒有意義的,尤其是當他早就吃飽了的話,只有在特殊情況下,你才必須為了安撫寶寶而餵奶。否則,不論白天或夜晚,要漸漸拉長餵奶時段的間隔會很困難,有些寶寶甚至每隔一小時就要吸媽媽的乳頭以尋求安慰。相對的,如果你用別的方式安撫寶寶,他就能學會不需要靠著媽媽的胸脯就能入睡。那麼,寶寶夜裡只有真正餓了才會醒來。

## 白天哺乳

　　即使是白天,也只有新生兒或消化能力不好的寶寶,才需要每隔一小時就餵奶。如果你的寶寶很健康,而且體重正常增加,你可以在他四到六週大的時候,開始間隔每三小時餵一次奶。到了夜晚,再試著把間隔拉長一些。

## 找到規律性週期

新生兒出生頭幾週在睡眠的需求上有非常大的個別差異。有些孩子只睡十小時，另一些幾乎每天要睡上二十個小時。如果你覺得寶寶累了，就讓他睡。剛開始還不需要去計畫寶寶一天得睡幾次。

## 什麼時候上床？

當你的寶寶六週大的時候，可以在白天培養一些規律性。你可以試試「兩小時週期」——不論他之前睡了多久，只要寶寶醒來兩小時後，就把他放回小床上。

如果你的寶寶差不多三個月大了，你可以每晚在固定時間讓他上床，白天則在固定時間讓他小睡。這個年齡的孩子白天還需要小睡三次（請見第 52 頁**圖 1-4**）。

如果你的寶寶白天睡得特別久，請你叫醒他。尤其是到了下午，最好能拉長他醒著的時間。如果這時候他精神還很好，你可以跟他玩。

## 醒著上床

你可以從孩子很小的時候開始，趁他還醒著就把他放到床上。萬一偶爾他在你胸前睡著了，也沒有關係，你不需要特別把他叫醒。寶寶六到十二週大的時候，你就可以規律的在他還醒著時把他放到小床上。這個時期的寶寶最能學習獨自入睡。很快的，你的寶寶就可以好好睡過夜。

**你的寶寶入睡時，不需要絕對的安靜。**
**白天各種聲響與活動最好照常進行。**

## 定時哺餵最後一頓晚餐

育兒專家喬安古柏森（Joanne Cuthbertson）與蘇絲雪菲（Susie Schevill）推薦一招，幫助很多寶寶早早就能一覺睡過夜。你可以在寶寶出生後第三天開始，晚一點當然也無妨，只要在出生後一週內實施就可以了。

這個辦法就是「定時哺餵寶寶最後一頓晚餐」。即便你平

時是依寶寶的需求哺乳或餵奶，最後一頓晚餐一定要固定在同一個時間哺餵，而且最好是在你自己要就寢之前。不論寶寶之前睡了多久、或是前一次餵奶是什麼時候，到了晚上固定時間就把寶寶叫醒餵奶。如果寶寶在喝奶的時候很快就睏了，你可以在餵奶的中途換尿片，他就會清醒一點。幾天以後，寶寶就會習慣在這個時間肚子餓，並且喝很多奶。

可是很多寶寶會睡得很熟，就算是幫他換尿片或餵奶也都喚不醒。假使我們不希望強迫小寶貝配合的話，接下來該怎麼做呢？我們會在下面告訴你。

## 謹慎的施行

寶寶出生後的第一週，對生理的成熟和發展非常重要。這個過程對他小小的生理組織來說是個很重的負擔，也因此有些新生兒還不肯跟固定的時間表合作。但是定時的晚餐和拖延夜間餐，是你在寶寶還很小的時候，就可以嘗試的好方法。

最晚等到寶寶三至四個月大時，他就需要習慣固定的喝奶

## 幫助你的寶寶好好睡過夜

很多寶寶在喝最後一次奶之後，自己會漸漸愈睡愈長，直到他餓了才會醒來。如果你的寶寶自己做不到，就需要你提供以下的幫助。條件是寶寶必須滿七週大，健康良好，而且至少有五公斤重。另外，通常三到四天以後，成果才會顯現。

● 將最後一頓晚餐的餵哺時間固定下來。

● 爸爸媽媽在晚餐後千萬別再叫醒你的寶寶。他如果哭，耐心等一下，給他機會，讓他自己安靜下來。

● 最好當天是由爸爸「值班」照顧寶寶。寶寶通常不喜歡感覺得到媽媽的胸脯，但是卻什麼也得不到。

● 如果寶寶在夜間醒來，不要馬上給他餵奶。在等待寶寶睡覺的時候可以做別的事，比方說拍拍他、跟他說話、給他奶嘴、抱著他走走、換尿片，甚至可以看電視。要是他還不睡，可以用奶瓶裝水給他。到最後真的無計可施時，再給他餵奶。

● 夜間抱著他踱步、給他水喝、或是其他的「幫助」，都是為了讓寶寶的過渡期容易一些，這些絕對不能變成持續的習慣。

● 在四到五天內，漸漸把早晨第一餐的時間往後移，最好延到早上五或六點。這樣你的寶寶晚上就會喝很多，夜裡不會因為肚子餓而很快醒過來。如果過了第四夜，還沒有什麼明顯的效果，延遲的計畫就該放棄了。你的寶寶還需要一點時間，四個星期後，你可以再試試看。

時間與上床睡覺時間。也許你聽說過：「如果你總是按照寶寶的要求餵奶，讓寶寶自己決定什麼時候想睡，一切會隨著時間發展出自己的週期。」在很多情況下這當然是有道理的，如果你屬於幸運的父母之一，擁有一個很好照顧、單純的寶寶，也許你完全不需要干涉他的習慣和週期。但並不是所有的寶寶都這麼簡單，法比安就是一個很好的例子。

## 日夜顛倒

▶ 法比安才十週大，他的父母已經瀕臨體力崩潰的邊緣，因為小寶寶夜裡幾乎不睡覺。他不哭鬧的話，媽媽會抱著他坐在床邊輕輕的搖；他一哭鬧，媽媽就會抱著他在屋裡踱步。

有時候法比安會小睡，但時間很短。清晨四點到六點間，他就完全清醒了。接著媽媽會給他餵奶、換尿片，然後洗澡。法比安很愛洗澡，洗完澡後，他會連續睡上五個小時，從早上八點睡到中午一點。下午他會有一次三小時的午睡。到了夜裡，災難又重新開始。雖然法比安還小，還沒辦法有固定的作

息時間，但的確有必要針對這個情況，採取一些調整措施。

　　首先，爸媽將小床從地下室拿上來。法比安不該再像之前一樣，和媽媽一起睡在沙發上了（之前她不知道這樣對她的兒子來說很危險），他要學習獨自在小床上入睡。

　　另外，因為法比安很享受洗澡，洗完澡後也總是睡得很好，因此每天早上的沐浴時間必須移到晚上。

　　接著，法比安的媽媽必須做一件過去她從來不敢做的事——叫醒她的寶寶，並且讓他清醒，讓他能習慣正常的日夜作息。白天的規律是，法比安每睡兩小時就要被叫醒。晚上則要把每天最後一餐的時間固定在十點，而且在餵他之前，至少要讓他清醒三個鐘頭。在這三個鐘頭間，媽媽可以從容的幫法比安洗澡、換尿片。

　　令人驚訝的是，結果超乎我們的預期——第一個晚上，法比安就可以從晚上十點一直睡到早上六點；他喝完奶後再次睡著，直到早上八點。幾天內，這個作息規律就定下來了。雖然法比安還是和之前一樣常在白天哭鬧，但是至少現在，大家夜

裡都好過得多了。

## 更多的小建議

- 不是每個嬰兒洗澡玩水後就會像法比安那樣疲累。很多嬰兒剛好相反，洗完澡後反而更興奮活潑。如果你覺得你的寶寶洗完澡後會想睡，而且肌膚也沒有敏感問題，你可以每天幫他洗澡，甚至把洗澡排進每天晚上的睡前儀式中。

- 對很多小孩來說，每天晚上安排固定的睡前儀式會有很大的幫助。尤其是睡前的幾分鐘，你更應該安排親子共享的時間。除了洗澡之外，例如輕輕的哼首歌、抱抱親親、一起在搖椅上搖一搖，或者每項都做一回，都可以當成睡前儀式。

- 睡前吸吮媽媽的乳頭或奶瓶並不是好辦法。至少在寶寶上床睡覺三十分鐘以前，就該停止這類活動。

盡可能讓寶寶獨自在自己的小床上——
或者説，在沒有你的協助下——進入睡鄉。

# 「愛哭寶寶」

　　三個月大之前的寶寶，有的一天哭鬧的時間少於一小時，有的卻可以長達四小時以上。「愛哭寶寶」的行為早先被解釋為「新生兒疝氣」，但是現在專家們都將無關腸胃問題的哭鬧簡稱為「過度哭鬧」。為什麼寶寶們生來哭鬧程度會不同？為什麼寶寶四個月大以後會好轉？這些問題至今仍找不到解釋。但是有一件事是肯定的——對每個寶寶來說，哭鬧都是正常的行為。

## 哭鬧是否令你束手無策？

　　孩子的哭鬧會引起所有父母一致的反應，就是希望哭鬧趕

快停止。「乖寶寶」的父母可以很快達到目的，餵餵奶或抱著走一走，都足以滿足寶寶的需求，寶寶的哭鬧很快就停了，爸爸媽媽也覺得自己是「好父母」。

相較之下，要是餵奶、換尿布、抱著走走，或是放在娃娃車裡推，都無法讓哭鬧的寶寶安靜下來，這絕對很令人洩氣，有時你還得應付好心人的問題：「他怎麼了嗎？」或是「你不能讓他一直哭啊！」

在家裡也好不到哪裡去。寶寶甚至煩得爸爸或奶奶，不顧媽媽還在哺乳就大罵：「你到底吃了什麼鬼東西，孩子怎麼脹氣得這麼嚴重？」媽媽也開始產生罪惡感。

寶寶一哭，媽媽的胃就緊縮成一團，她很害怕寶寶哭起來就一發不可收拾。安撫的動作愈來愈用力，所有的方法卻都不管用，最後，媽媽不再相信寶寶能靠自己安靜下來。

我們完全可以體會這種狀況，我們自己也有一些安撫寶寶的怪招數。摩根洛特醫師把寶貝兒子抱上抱下，還一邊跑步；我自己則把卡塔麗娜抱在胸前，在屋裡走來走去，直到我的背

都直不起來了。現在我們知道：即使我們的孩子當時哭個不停，我們仍然是好父母，說不定我們只是做得太多。

## 搞定你的「愛哭寶寶」

新生兒哭鬧的時間長短是天生的，但是第一個月可能還看不出來。愛哭寶寶稍後有可能成為可愛的小太陽；而一開始很乖的寶寶，有時反而會在之後的反抗期變得很難對付。以下的資訊可以幫助你搞定家中的愛哭寶寶：

- 現代醫學研究證明，腸胃問題不是寶寶持續哭鬧的原因。母乳媽媽的飲食習慣和寶寶的脾氣也沒有太大的關係。

- 寶寶之所以哭鬧，可能只是因為他需要消化很多刺激和訊息。最常發生持續哭鬧的時間是下午或傍晚，這有可能表示寶寶一天下來的所見所聞已經讓他累壞了。他用這種方式發洩，並且保護自己不再繼續受到外來刺激的影響。

- 不要不計代價的讓寶寶安靜下來。持續哺乳、用力搖晃、推著嬰兒車跑步、不停的換玩具——這些行為只會讓寶寶受到

更大的刺激。如果確認寶寶已經吃飽、尿布是乾淨的，你可以輕輕拍他、搖他，或是輕聲的跟他說話或哼唱。

- 有些寶寶無法自己安靜下來。哭鬧的時候，他們的頭或手臂會甩到後面去，尤其是當他們仰躺的時候。嬰兒還未滿六週大且很不安分的時候，你可以試試「包裹法」。請護理師或助產士示範給你看，如何用一條大毛巾將寶寶包起來。

- 如果寶寶在五到十分鐘內無法安靜下來，他可能是想獨自安靜一下。那麼接下來的五到十分鐘，你可以把寶寶放到床上，等等看。然後你再溫柔的讓他感覺：「我可以幫你嗎？」寶寶會讓你知道他是不是想要你的幫助。你要給他機會學習如何靠自己安靜下來。

- 對寶寶來說，重要的是讓他知道：他不是只有哭鬧時才會得到你的注意。否則他的認知會是：「我必須哭鬧才能得到媽媽的注意，她是不會自願跟我玩的。」

- 如果睡覺、遊戲時間、散步時間及吃飯時間都很規律固定，寶寶會愈來愈清楚一天的作息。這可以幫助生性敏感

的寶寶適應生活。

- 不到三個月大的寶寶，行動能力是很有限的。他沒有辦法長時間觀察一個固定的物體；他還不能準確的把手伸到嘴邊；他的手和他注視的方向還不能互相配合；他還不會玩；他還不能用他的「童言童語」跟我們溝通。還有什麼比哭鬧更能讓他自我滿足？哭鬧是寶寶最直接的選擇。幸運的是，寶寶會漸漸成長，發展出更多的能力。

## 寶寶漸漸長大，開始有別的事可做，
## 也就不再那麼愛哭了。

「愛哭寶寶」的習性常會演變成睡眠干擾，之後也很難矯正。父母們會使出渾身解數哄這些寶寶睡覺，像是抱著他、輕輕搖他、或是餵奶。這些做法固然沒錯，卻容易錯過寶寶不再需要這些安撫的時機。在寶寶三或四個月大的時候，他們應該是很容易被安撫的，但是卻還是有可能不願意放棄這些愛的積

習，希望繼續享有「特別待遇」。即便是這樣的寶寶也可以學習獨自入睡，而且一覺到天明。


# 寶寶自己入睡的成功關鍵


　　如果寶寶不需要你的幫助也能入睡，他肯定掌握了一個關鍵──夜裡他只需要在肚子餓的時候叫醒你。對你的寶寶而言，搖籃、吸吮母乳或奶瓶、娃娃車出遊等都與睡覺無關。不論是白天或夜晚，你的孩子都能夠自己入睡。也就是說，只要寶寶夜裡不需要再喝奶──這大概是半歲大的時候──他就能一夜睡到天明。


### 何時該讓醒著的寶寶上床？

　　幫助寶寶自己入睡的前提是，讓他在醒著的時候就上床。但是什麼時候是訓練孩子的合適時機？寶寶如果每次都哭哭啼

啼，該怎麼辦？

　　千萬別讓自己屈服於時間壓力。如果新生寶寶在你胸前滿足的睡著了，享受這一刻吧！你還有好幾個星期的時間，可以讓寶寶漸漸養成獨自入睡的習慣。

　　你可以自己決定是否要等寶寶六到十週大才開始嘗試，你會知道什麼時候是該戒除習慣的最佳時機。

　　剛開始，不需要每次都非得讓寶寶醒著上床。你可以在白天的時候做一次，找一個時間，最好是寶寶看起來很累的時候來試。漸漸的，自己入睡就會變成一個習慣。假使寶寶偶爾還是會在坐車、喝奶，或者在坐娃娃車時睡著也沒有關係。更重要的是，你的寶寶可以獨自入睡，而且愈睡愈好。

## 寶寶哭了怎麼辦？

　　如果你的寶寶任由你把他放在小床上，過了一會兒，他的眼睛也自然閉上了，你當然一點麻煩都沒有。但是如果他每次都哭，而且拚命掙扎，不肯睡覺，那該怎麼辦？

以下的建議提供你作為參考。

- 寶寶的行動如果太自由，有時候會增加入睡的難度。寶寶還很小的時候，你可以請護理師或助產士指導你嬰兒的包裹法。較大的寶寶，只要靠一只睡袋或是媽媽穿過的 T 恤，就可以達到目的。T 恤可以像袋子一樣把寶寶包住，下面再打個結就成了。

- 有些寶寶喜歡奶嘴。奶嘴對幫助寶寶入睡是有效的，現在一般都建議給嬰兒吮奶嘴。但是嬰兒入睡時，只能給一次奶嘴。如果奶嘴一掉寶寶就哭，還是不要給他比較好。

- 留在寶寶身邊。安撫寶寶的時候，先讓他躺在床上，溫柔的跟他說話，輕輕拍他。假使他繼續哭的話，把他抱在懷裡輕輕搖一會兒，可以站著、也可以坐著，然後在寶寶睡著以前，把他放回床上。如果他繼續哭，或是在你懷裡也無法停止哭泣的話，你可以重來一遍。你也可以按照自己的感覺，決定要一直陪在寶寶身邊，或是中間要離開房間幾分鐘。

只要按照上述原則，寶寶入睡時便不需要依賴你太多的幫助。你的幫助是溫柔的、順勢而行的。我贊成教育的基本主張——「天助自助」；睡覺是孩子自己就能做好的事。

## 重點整理

### ☑ 寶寶的睡眠安全

你可以有效預防嬰兒猝死。重點是，讓寶寶臉朝上
仰睡！

### ☑ 良好的習慣

若寶寶滿七週大，健康良好，而且至少有五公斤重
時，你可以嘗試減少夜間餵奶的次數。你可以幫助
他區別白天和晚上，讓他在沒有你的情況下也能獨
自入睡。

### ☑ 如何處理愛哭寶寶

如果你的寶寶白天常常哭鬧，他需要一個非常清楚
的作息規律和輕柔的安撫。但是有時候也要給他幾
分鐘的時間，讓他學習如何靠自己安靜下來。

# 從六個月到學齡前

你成功度過前六個月了。那個幼小無助的新生兒，現在已經長成圓滾滾、粉嫩嫩的幼兒。他認得你，睜著閃亮的眼睛看著你，會對你伸出手臂要抱抱——他體重增加兩倍，長高很多，而且比以前更聰明。這是他這輩子學習得最多、最快的時期。

　　假使這是你的第一個孩子，那麼你這幾個月來想必也學到不少，甚至連你的生活也隨之徹底改變。你配合你的孩子，而且嘗試完全滿足他的需求。如果之前他哭鬧很多、睡得很少，那你肯定過了一段艱難的時期，你所儲備的精力可能要用光了。然而，你的孩子還是有學習能力的。現在他可以學著去配合你的需求和你的日常作息。

## 睡前儀式

　　你現在已經知道，為什麼你必須在寶寶醒著的時候就把他放到床上去睡。但是，假使他已經六個月、甚至更大了，你要

如何幫助他度過入睡前的時間？

## 良好的習慣

在一次演講中，有一位媽媽發問：「我知道我餵奶時不該
讓寶寶睡著，也不能讓他在我懷裡或是和我一起在床上睡。但
是，我必須把入睡這件事弄得那麼不舒服嗎？」當然不是！相
反的，在睡前保持和諧寧靜的氣氛是絕對必要的。

在新生兒的第一個月時，就要注意保持睡前氣氛的和諧寧
靜。最晚在寶寶六個月大時，你就應該給他一個固定的睡前儀
式。這可以幫助你和你的孩子預見即將來臨的程序，靜下心
來。接下來我們會告訴你，要如何進行睡前儀式。

### 親密感和安全感

睡前密集的跟父母在一起，能夠幫助寶寶減輕獨自入睡的心
理負擔。上床前幾分鐘的親密接觸，可以增強寶寶對安全、被保
護和被關心的感覺。這種感覺也是決定他將來是否能獨立、有自

信的重要條件。「爸爸媽媽很愛我，他們永遠會照顧我。」如果你的孩子心裡有這樣的信念，那麼要他獨自依偎著小床會容易得多；肌膚接觸也不再是你可以證明關心的唯一方式。

## 設定界限

要讓寶寶對你產生安全感和信賴感，你必須讓他知道界限在哪裡——即使是在睡前的儀式也是，這對較大的孩子來說尤其有幫助。這個界限不會因為孩子的情緒或要求而搖擺不定。如果晚上你帶他上床時稍有遲疑，孩子馬上能感覺到，他就會嘗試將睡前儀式延長，例如要求第二個或第三個床邊故事。如果睡前儀式的步驟永遠固定的話，這些抗爭根本不會出現，孩子將學會接受這種一段固定時間的限制或是「只有一個故事」的限制。

## 例行工作和甜蜜的尾聲

晚餐、脫衣服、擦洗或沐浴、換尿布、刷牙（如果已經有

牙齒的話）──所有的例行工作，每天晚上應該在固定的時段內，按照一定的順序施行。

例行工作完成以後，就進入睡前儀式裡最甜蜜的尾聲──上床前的最後幾分鐘，讓孩子享受你對他的關愛。至於如何和孩子度過這幾分鐘，就要看孩子年紀多大，以及你們的偏好。

## 在睡前儀式中，甜蜜的尾聲應該遵守以下的法則：先和孩子一起玩耍，然後送孩子單獨上床。

從嬰兒時期開始，孩子就能享受上床前和爸媽一起玩耍的親密時刻。在這個年紀，「玩耍」實際上指的是抱撫、親吻、對他唱歌或跟他說話，而且這段時間並不需要太長。這些親密行為在洗澡和換尿布的睡前儀式裡也占有很重要的角色。這時你便可以拉長親密行為的時間，和孩子玩個夠、親個夠，讓他

完全感受到你的愛。

## 唸故事和講話

孩子大約從一歲開始，便能理解簡單的圖畫書、手指遊戲或故事。到了兩歲或三歲左右，唸故事絕對是最受孩子歡迎的睡前儀式。到上了小學，很多孩子會因為很喜歡床邊故事而受到啟發，對書和故事也很感興趣，終而成為愛閱讀的人。

所有安靜的、合乎孩子年齡，以及你們都喜歡的書，都適合睡前閱讀。至於毛骨悚然、緊湊的故事和音樂、或是瘋狂的喧鬧，當然就會讓孩子的情緒高漲，無法好好入睡。

本書最後的附錄提供了適合唸給三歲以上小孩聽的床邊小故事。這個故事對每天晚上都很「興奮」的孩子、或者有小弟弟和小妹妹的孩子特別合適。小弟弟或小妹妹這時正需要藉由你的幫助，跟著這本書學習好好睡覺；而小哥哥或小姐姐也可以在故事中找到自己熟悉的身影。你的孩子會學到，為什麼爸爸媽媽想要改善他們的睡眠情況。

比故事本身更重要的是「持之以恆」。在你夜復一夜為孩
子唸故事時，也是在為孩子特別付出。對於工作到很晚才能回
家的爸爸或媽媽，這是一個美好的、跟孩子更親密的機會。

## 搖籃曲

不論你是唱〈月亮出來了〉，或者只是哼著「啦、勒、
嚕」，搖籃曲都是一個非常美麗、貼心的儀式。搖籃曲給你的
孩子親密和安全的感覺。你在他的小床前為他所唱的搖籃曲，
他一輩子都會記得。

## 可以抱抱的東西

一歲之前，奶嘴可能可以讓寶寶入睡容易些，前提是他自
己可以找得到奶嘴。兩歲以後，你可以給寶寶一個「撫抱的對
象」——一個他可以帶上床的東西——並且讓這個東西成為睡
前儀式的一部分。這個東西可以是毛巾、揹帶、娃娃、絨毛動
物或小枕頭，讓孩子在家裡可以鎮定下來，旅行時也可以帶

著。許多孩子自己會挑好一個「撫抱的對象」，有些孩子則對此興趣不大。父母可以嘗試把一個娃娃或絨毛動物編進睡前遊戲或床邊故事中，讓孩子漸漸習慣它。

### 少睡寶寶的睡前儀式

有些孩子很晚才能睡著。三歲開始，他們就應該學習入睡前的三十至六十分鐘要獨自待在房間裡，他們可以看圖畫書、聽音樂或是靜靜的玩。但是父母一定要確切規定孩子上床和關燈的時間，並徹底執行。只有在他準時刷好牙、洗完臉、完成上床前的動作，才跟他在房間裡一起看故事書或玩耍。

### 電視呢？

最早也要等到孩子上幼兒園後，並且在父母的陪同下，才能讓短的兒童節目變成睡前儀式的一部分。入睡前自己玩的時間內，絕對不適合看電視。我們認為，在孩子滿十六歲之前，他的房間裡不能有電視。

## 讓改變更容易

先一起玩，再自己睡覺。如果你的孩子一開始就熟悉這套模式，習慣就很容易養成。但如果你的孩子入睡時還需要你在身邊、或是需要奶瓶，而你想要改變他的這個習慣，對他來說就像是拿走他的東西，他不會願意的。但是舉行一個睡前儀式，可以讓這個變動對你的孩子和你都變得容易些。

## 親親道晚安，結束！

重點是，你要和孩子一起為睡前儀式劃下清楚的句點。講完故事、熄了燈、給孩子一吻道晚安後，你要馬上離開房間，孩子會感覺到施行延遲的小伎倆是沒有用的。如果你在房間裡遲疑滯留，問你的孩子：「我現在可以走了嗎？」孩子可以感覺到你的不確定，還有他的權力。他會認為：「規則是我訂的。我只要一哭，媽媽什麼都會依我。」

## 「你還不能走！」

▶ 有時候情形是會每況愈下的。十五個月大的馬可有一個習慣，他入睡時需要父母在他的房間。他們只要在房間，站在他的床邊就好了。對父母來說，只要馬可幾分鐘內就睡著，這是可以接受的。可是自從馬可一歲以後，入睡的時間愈拉愈長。最近幾個星期，馬可的爸爸或媽媽，每天晚上得在他床邊至少站上一小時。

馬可學到了，要注意：「不能睡著，不然他們會溜出房間。」對爸媽而言，這個睡前儀式因此變成了惡夢。每天在孩子床邊等待，一點意義都沒有，只會引起不滿的情緒。在這一小時內，爸媽和馬可是不可能有正面意義的親密接觸的。爸媽滿腦子想的只是：「到底什麼時候才能離開這個房間。」他們不是不愛自己的孩子，只是他們迫切需要自己的寧靜夜晚。馬可當然很清楚的感覺到這種抗拒，這讓他更有理由力爭父母對自己的注意力，他愈需要保持清醒。

經過諮詢之後，馬可和爸媽的睡前儀式改變了——爸爸或媽

媽抱著馬可，一起看一本圖畫書或親親──但是不超過十分鐘。接著，爸媽把馬可放上床，然後離開房間。對馬可來說，與他之前抗爭而來的時間相較，這親密相處的幾分鐘多麼珍貴！

　　馬可花了五天的時間，總算可以獨自入睡了。期間爸媽所付出的代價是：馬可十五分鐘的哭鬧。

## 牽小手兩個小時

▶▶　馬可不是唯一的例子。墨娜（九個月大）從醒著到入睡，至少需要花上兩個半小時。這期間她的媽媽一直待在她的房間，要不斷注視著她的眼睛，還得牽一牽她的小手，把她抱在懷裡，再放到床上。這齣戲碼每天晚上都要上演好幾次。

　　墨娜的媽媽白天要上班，但她似乎很享受這兩個半小時，她很難與墨娜分開。白天負責照顧墨娜的外婆，建議自己的女兒去找醫師做睡眠諮詢。

　　接受諮詢之後，墨娜的媽媽訂下睡前的規矩──先盡興的玩個夠，但是在給墨娜親吻、道晚安後，媽媽會馬上離開房

間。剛開始，媽媽抱著懷疑的態度，躲在門後觀察女兒，直到她睡著。墨娜的媽媽非常驚訝，原先她所預期的哭鬧反應完全沒有發生。才五天的時間，墨娜就可以在幾分鐘內安詳的獨自睡著，要比先前母親在場陪伴時容易得多。基本上，墨娜比以前早入睡，睡眠時間也比以前多了一個鐘頭。

但並非所有的孩子都會像墨娜及馬可一樣乖乖的接受改變。當你的孩子強烈抗議時，你可以參考第三章的建議做法。

## 「看得見」的安撫

另一個要點是：把孩子的房門打開一些，會讓他們更容易接受吻別道晚安以後的分離。

### 一道光線和親切的聲音，
### 可以帶給孩子溫暖和安全的感覺。

如果家裡的空間允許的話，你應該滿足孩子這個願望。我

的小女兒直到五歲，還會每天晚上央求我：「媽媽，把門打開到最大！」

# 在爸媽的床上睡？

在幼兒園裡，一位老師問三到六歲的孩子：「你們當中誰已經在睡自己的床？」二十五個孩子中只有一個舉手。大部分的孩子，很顯然夜裡的部分時間是在父母的床上度過的。

在第一章的美國研究調查報告裡，只有 10% 的父母承認，他們的孩子（從嬰兒到學齡前）夜裡大部分時間是睡在他們的床上。隨著夜晚的時間過去，孩子也被從這個床搬到那個床——可能是從父母的床到他們自己的小床，或是反過來。根據瑞典一項調查顯示，50% 的三歲孩子睡在他們父母的床上；有將近三分之一的九歲孩子，晚上還跟父母一起睡。

大部分的人認為，這麼普遍的事不會是錯的。然而，睡在

父母床上的孩子，並不比睡在自己床上的孩子睡得好。相反的，他們常有嚴重的睡眠問題；「換床小孩」也好不到哪裡去。研究證明，睡得最好的孩子是那些整夜單獨睡在自己床上的小孩。基於安全的理由，我們建議嬰兒在六個月大以前，雖然該睡在自己的小床上，但床最好擺置在父母的臥室裡。

孩子在父母的床上常常不好入睡、夜裡常常醒來等問題，在歐美文化中時常會出現。但在有些國家的文化裡，全家共睡一張床是很自然的，有睡眠問題的孩子也不常被報導。

## 優點與缺點

在父母床上睡，到底是對還是錯？這個問題顯然沒有絕對的答案。只有在孩子未滿一歲前，基於安全考量，專家反對孩子睡在父母床上。之後只要父母有好的理由，都可以把孩子抱到自己床上來。

## 父母的床可以提供安全和慰藉

何時該讓孩子跟自己睡一張床？以下情形提供你參考：

- 孩子發高燒、呼吸淺、脈搏跳得很快的時候。你希望每一秒都知道孩子病情的變化。

- 孩子咳嗽得很厲害、呼吸有些困難，你要確定萬一有狀況時，你可以隨時應付。生病的孩子需要父母就近在身邊，把孩子抱到自己床上，是最簡單也最好的解決方法。

- 親子共床也是解決孩子夜裡因害怕驚惶而哭泣的辦法。他也許做了很糟糕的惡夢，或者心裡無法消化白天一些有負擔的經歷。身體上親近父母，可以暫時撫慰孩子。如果這種情形持續太久，你必須找出令他害怕的根源，並加以解決。在第四章會有更詳細的探討。


## 孩子睡在父母床上是一種麻煩？

對很多孩子來說，睡在父母床上是自然而然的事。這種情況對父母、對孩子、對彼此之間的關係是有益的嗎？

在很多家庭裡經常上演「大風吹遊戲」——夜裡孩子爬上父母的床，父母覺得擠了，爸爸就搬到別的地方睡，結果第二天在孩子床上或沙發上醒來；媽媽則被擠到床角；而孩子睡成大字型，幾乎將爸媽的床整個占領。除了孩子，爸爸媽媽都沒有睡飽。從這幅景象看來，小小的孩子將父母逼到牆角，誰才是一家之主早已不言自明。

有時候爸爸媽媽也會因為自己的需要，而將小孩抱到床上——有些太太（或者先生）也許會很高興，有小孩在身邊可以避免性生活。也有些成人——不論是單親爸爸或媽媽，或是伴侶常常不在家——不願意獨眠，就將小孩當成替代伴侶，讓他在自己床上睡。請檢視自己的心態，為了自己的需求而利用孩子，對他們是不公平的！

## 孩子睡在父母床上，好嗎？

你的孩子是否應該跟你睡在一張床上，並沒有硬性的規定。你自己才知道，怎樣做對你的家庭才是最好的安排。以下的問題可以幫助你做決定：

- 你討厭孩子躺在你身邊、或是你和伴侶之間嗎？
- 你的睡眠會因為孩子在身邊而被打擾嗎？
- 你的孩子很難入睡，或者夜裡會多次醒來嗎？
- 你夜裡需要和孩子有身體上的接觸，否則覺得孤單嗎？
- 你的伴侶對於和孩子同睡一張床，與你是否有不同意見？
- 你或是你的伴侶希望改變現況嗎？

**你的答案全是否定的嗎？**

那麼你的情況沒有問題，孩子和你們同睡一張床是可以的。
這是你頭腦清楚時所下的決定，而且你也支持自己的決定，違背你的信念去改變現況不會有任何好處。

**假使有一個以上的問題，你的答案是肯定的。**

可能你不是在很清楚的狀況下，造成了孩子跟你同睡一張床的情形。也許是孩子生病痊癒後，他不願意回自己床上睡，例外就變成了習慣。請負起責任，狠下心跟孩子劃清界線。
你是因為覺得寂寞，而自己把孩子抱上床的嗎？這不公平！你的孩子不應該扮演「替代伴侶」的角色。他在自己床上可能可以睡得更好，也更久。

# 該固定睡眠時間了

孩子六個月大的時候，生理時鐘已發展經成熟，夜裡不再需要喝奶，而且可以一口氣睡十個小時。此外，如果他還需要更多的睡眠，也可以從規律的午睡補回來。

## 固定時間就寢有助入睡

將孩子上床睡覺的時間固定下來，三星期後，孩子只要到了這個時間點就會覺得累了，因為他體內的生理時鐘已經調整好了。規律的吃飯時間，對孩子同樣重要。如果夜裡的睡眠多次被餵奶打斷，孩子體內的生理時鐘便很難把夜晚調整成休息時段。

體溫、荷爾蒙及身體活動等生理作用，會決定我們體內的生理時鐘。如果日常作息違反了生理時鐘，生理時鐘就會陷入混亂。必須輪班工作的人就知道：輪夜班時，他們原本能吃能睡的時間會被調整成既不餓又不累，很多人也因此出現健康上

的問題。

如果父母不訂定一個規律作息，任憑孩子決定什麼時候要喝、什麼時候要睡的話，孩子反而容易出現睡眠干擾的問題。

## 作息太過自由

有些孩子自然而然就能有規律的作息，但是也有可能會演變成跟小彥一樣的結果。

▶ 一開始，小彥（六個月大）只要餓了，媽媽就餵奶。現在他一天還要喝上六到九次，其中三到五次是在夜裡。晚上六點到十二點間，媽媽會把他放上床，直到早上六點半至十點間睡飽醒來。小彥會睡一到三次的午覺，午覺時間加總起來有六個鐘頭之久。

小彥在夜裡喝完奶後，常常不能馬上再入睡——他怎麼會知道現在是凌晨兩點，還是下午三個小時的午睡後？媽媽每天二十四小時記下兒子吃、睡、鬧的時間，連續記錄十天後，才意識到這個混亂的局面（見**圖 2-1**）。

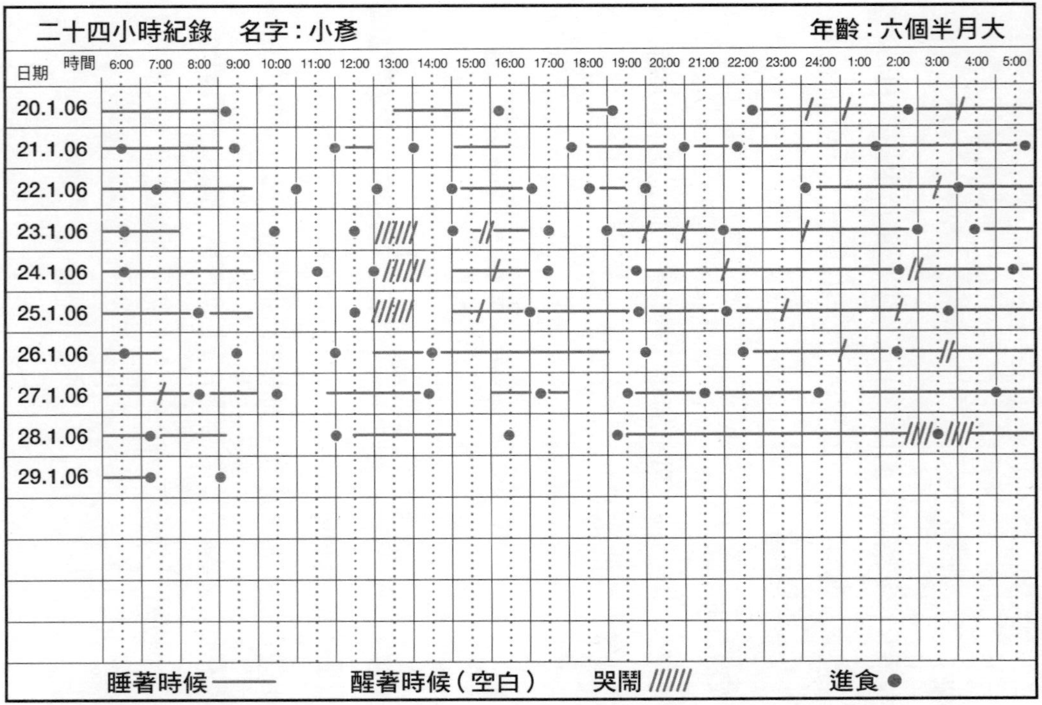

二十四小時紀錄　名字：小彥　　　　　　　　　年齡：六個半月大

| 日期<br>時間 | 6:00 | 7:00 | 8:00 | 9:00 | 10:00 | 11:00 | 12:00 | 13:00 | 14:00 | 15:00 | 16:00 | 17:00 | 18:00 | 19:00 | 20:00 | 21:00 | 22:00 | 23:00 | 24:00 | 1:00 | 2:00 | 3:00 | 4:00 | 5:00 |
|---|---|---|---|---|---|---|---|---|---|---|---|---|---|---|---|---|---|---|---|---|---|---|---|---|
| 20.1.06 | | | | | | | | | | | | | | | | | | | | | | | | |
| 21.1.06 | | | | | | | | | | | | | | | | | | | | | | | | |
| 22.1.06 | | | | | | | | | | | | | | | | | | | | | | | | |
| 23.1.06 | | | | | | | | | | | | | | | | | | | | | | | | |
| 24.1.06 | | | | | | | | | | | | | | | | | | | | | | | | |
| 25.1.06 | | | | | | | | | | | | | | | | | | | | | | | | |
| 26.1.06 | | | | | | | | | | | | | | | | | | | | | | | | |
| 27.1.06 | | | | | | | | | | | | | | | | | | | | | | | | |
| 28.1.06 | | | | | | | | | | | | | | | | | | | | | | | | |
| 29.1.06 | | | | | | | | | | | | | | | | | | | | | | | | |

睡著時候 ——　　　醒著時候（空白）　　　哭鬧 //////　　　進食 ●

圖 2-1：小彥的睡眠紀錄

## 有益的規律性

　　如果你的寶寶的作息規律性還沒定下來，你應該花幾天工夫，記下寶寶喝奶和睡眠的時間（請見附錄「我的睡眠紀錄表」），以便訂定一個規律的作息模式。

　　小彥同時存在許多問題。他在喝奶的時候睡著，夜裡又被餵奶多次，這些都必須改變。首先他需要一個規律的作息。小彥睡得相當多，平均每天（日夜）共睡了十四小時。小彥的媽媽決定，晚上八點就抱他上床，因為這符合他的平均入睡時間。我們約定好，至少在實施計畫的第一週內，她不能偏離晚上八點前後三十分鐘。

　　和所有六個月到十二個月大的寶寶一樣，兩次午睡對小彥來說已經足夠。總結這些條件，我們得出睡眠時間的安排：

- 夜晚：晚上八點到早上六點半。
- 早上的小睡：早上十點到大約中午十二點。
- 午睡：下午兩點半到四點左右。

　　身為父母的你們，可以決定晚上孩子什麼時間上床最適合

整個家庭的作息。如果你希望你的孩子在晚上七點鐘上床睡覺，那麼你就應該把所有的作息，包括午間的小睡，都提前一個小時。反之，當你希望孩子在九點鐘上床，那麼你就應該把所有的作息時間相對應的向後推遲一小時。你可以在下一頁找到進一步的建議。

## 小睡

有些孩子所需的睡眠異常得少，他們白天的小睡比小彥短得多。如果你的孩子雖然有固定的上床時間，但是白天睡了三十分鐘後就會醒來，你也只好習慣。睡得少的孩子和天生是「愛睡土撥鼠」的孩子，他們之間睡眠時間長短的差異，在夜晚會更加明顯。

## 對父母造成的限制

有一些父母擔心，小孩若有固定的睡眠時間，對他們來說會是一個限制。他們常常問：「若我必須剛好在小孩要睡覺的

時間帶著他去買菜或散步，那該怎麼辦？」你可以花幾個星期的時間去適應小孩的作息規律，這真的很必要。買菜、散步或其他的活動，最好能在孩子睡飽後的時間進行。

當然，寶寶兩次、甚至三次的白天小睡可能會對臨時起意的活動造成困擾，但是如果觀察幾天後，你確定白天寶寶在小床上一定會睡超過兩個小時，那又不同了。這兩小時內，你便可以進行自己的計畫。很多媽媽已經習慣孩子「只在車內或娃娃車裡睡上二十分鐘」，從來沒有充分的時間可以喘口氣，這下子媽媽會感覺到這多出來的自由時間，是份彌足珍貴的禮物。

透過白天規律的小睡，之前睡得太少的寶寶可以把睡眠補足，有些寶寶甚至會比以前多睡一到兩小時。

二到三個星期後，所有的計畫都已經上了軌道。如果你有很重要的事要做，這時候可以偶爾打破規則，例外一下；週末出遊或去度個短假，也不成問題。幾天之內，你的孩子又會回到原來的規律習慣。

家裡還有較大的孩子時，媽媽常常會抱怨：「早上、中午、

## 為孩子安排固定的作息時間

你的孩子可能需要幾天的時間，才能接受固定及規律的睡眠作息時間。你可以試著按照下列方法幫助孩子克服困難。

- 大部分小孩的夜晚睡眠時間為十小時左右。如果你的寶寶在晚上七點上床睡覺，隔天早上五點時他就睡飽了。挑個適合你家作息的睡眠時間。有些小孩可以睡十一個小時，但這件事是訓練不來的。

- 每次白天小睡之前，讓寶寶保持至少三個小時的清醒。

- 最長的清醒時間應該擺在晚上睡覺前。你的孩子晚上睡前至少要保持四個小時的清醒。

- 趁孩子還清醒時就帶他上床睡覺，才能夠幫助他迅速習慣規律的睡眠時間。

- 叫醒孩子可以創造奇蹟。起床時間到了，不要怕把孩子叫醒，這樣才可以幫助他建立固定的睡眠作息。

- 用餐時間也應該在白天作息表內固定下來。你可以決定什麼時間餵小孩，小睡前或小睡後都可以。重要的是，你要持續維持你所安排的固定順序。

下午總是有一個孩子正在睡，我什麼事都不能做！」他們希望小孩能儘早有統一的午睡時間。這種情形下，小的孩子從九個月大開始，就可以嘗試讓他只睡一次午覺。

**白天只剩一次小睡**

在正常情況下，寶寶到了十至十八個月大時，會自動把兩次的白天小睡調整成一次。早上到了該睡的時間，他們不累、也不像往常很快就睡著，而是在床上玩或喃喃自語；有些孩子甚至反抗，不願上床睡覺。這就是時候到了，你可以把兩次小睡調整成一次。

上午，你可以晚一到一個半小時讓孩子小睡，同時取消下午的小睡。當然，你可以把過渡時期安排得和緩一些，例如有一天是一次午睡，有一天是習慣的兩次，如此替換兩個星期。

孩子愈大，愈能習慣你給他訂下的時間規律。無論小睡是在午餐之前或是之後，孩子都能習慣。

## 午睡，再見！

　　兩歲到五歲之間，幾乎所有的孩子都會戒掉規律的午睡習慣，這大多數發生在三歲或四歲時。有些小孩當然還是會午睡，這表示，他們到了晚上十點可能還是很清醒。父母多半會為了延長夜晚的睡眠，而戒掉小孩的午睡。

## 重點整理

☑ **睡前儀式**

從孩子六個月大開始進行，可以先一起玩，然後再讓
孩子單獨入睡。一個適合孩子年齡、和諧的睡前儀式
可以幫助孩子入睡，並且增進親子間的關係。

☑ **孩子睡在父母床上**

從孩子一歲開始，讓他和父母一起睡可能有益──但
是只有在特定條件下。

☑ **固定時間就寢**

對六個月大以後的孩子來說，在固定時間就寢絕對是
最好的助眠方式。

☑ **入睡前的清醒時段**

一歲以前，大部分的寶寶都需要早上和下午的小睡。
一天之中，寶寶最長的清醒時間，應該是在晚上上床
睡覺之前。

# CHAPTER 3

# 如何幫助寶寶
# 好好睡覺

本章你將讀到

寶寶很早就醒來、或者很晚才入睡，

你該怎麼做？

如果孩子夜裡清醒的時間很長，

怎麼做才有幫助？

哪些不良的入睡習慣會導致睡眠問題？

你的寶寶該如何學習獨自入睡，並且一覺到天亮？

如何戒掉寶寶夜裡進食的習慣？

孩子不願意睡在自己床上時，

該怎麼辦？

# 養成孩子規律的
# 睡眠時間

通常最慢在六個月大時，寶寶就已經發展出成熟的睡眠規律，也可以分辨出白天或夜晚。可惜，不是所有的寶寶都能做到。不規律或是不適當的睡眠時間，都有可能演變成嚴重的睡眠干擾。

　　你的寶寶在「不該睡的時段」睡，可能會讓他每天清晨五點半就醒來，或是快到半夜才睡。他是否需要花半小時以上的時間入睡？他經常在夜裡醒來一小時以上？如果你的寶寶有這些情形，那麼顯然他體內的生理時鐘出了問題，你必須幫助他養成良好的睡眠規律。


# 我的孩子太早醒


　　就像大人一樣，也有天生習慣「早起」的嬰幼兒，而且為數還不少。這種情形常常讓父母很頭痛，因為他們還想再舒服的多睡一、兩個小時。事實上，對於孩子早上五點就醒來的習

## 你的孩子睡多久？

- 你什麼時候帶孩子上床睡覺？
- 你的孩子早上什麼時候起床？
- 你的孩子夜裡待在床上的時間有多長？
- 你的孩子上床後需要多長時間才能入睡？
- 你的孩子夜裡醒著的時間總共多長？
- 你的孩子夜裡睡眠時間有多長？
- 你的孩子白天會從幾點睡到幾點？
- 你的孩子白天睡著的時間總共多長？
- 白天和夜晚加起來，你的孩子總共睡多久？

如果你的孩子躺在床上的時間比他睡覺的時間還多，顯然他有睡眠干擾的問題。該如何因應？以下提供你不同的解決策略。

性，你不需要默默承受。


## 孩子早起，父母該怎麼辦？

- 你的孩子在晚上七點，或是更早就上床嗎？那麼他早上五

點的時候應該就已經睡飽了。讓他晚一點再上床，兩個星期後，你的孩子應該會睡久一些。延後就寢時間幾乎是萬靈丹，這對大多數的兒童來說並不困難。除非你的孩子在幾個星期之後仍然堅持早起的習慣，那他就是天生的「早起兒」，你也只能接受現實，晚上還是讓你的孩子恢復原來的上床時間，好讓他有足夠的睡眠。

- 孩子早上五點醒來時，你會習慣性的馬上給他喝奶嗎？那麼他很可能有「經驗性飢餓」，他就是已經習慣要在這個時候喝奶。你可以像平常一樣把孩子抱起來，但是延遲餵奶時間。

- 你的孩子會在早上九點第一次小睡嗎？這也可能是孩子一大早就起床的原因。有一些孩子會利用早上的小睡把夜裡所缺的睡眠補足。如果是這種情形的話，他早上小睡的時間就得往後挪。你的孩子白天還會睡上兩次嗎？如果寶寶午睡到晚上七點，那麼不要在九點半以前就讓他上床睡。如果你的孩子白天只睡一次，不妨把他的小睡時間調到中

午以後。

* 家裡有人必須很早就起床嗎？不論你如何小心，不讓孩子聽到聲響，你的孩子還是有可能被早晨的動靜吵醒。清晨時，他對聲音的反應非常敏感，比夜晚就寢時強烈得多。這是因為清晨的時候，睡眠中會有很多自然的清醒時段（請見第 61 頁**圖 1-5**）。孩子對睡眠的需求，在這段時間前大多已經得到滿足，所以他一旦醒來，就難以再入睡，這點你無法強迫改變。必要的話，請你跟他一塊起床，或者在正式起床前把他抱到你床上，一同享受起床前一個鐘頭「親密的天倫之樂」。

### 小改變，大成效

▶ 小瑟（十個月大）是典型的早起兒。清晨五點，他就已經睜大眼睛，清醒得不能再清醒。八點到九點左右，他會再度進入夢鄉，睡到十點，接著十二點又要午睡。晚上大約七點，他就會被帶上床睡覺。

值得注意的地方是，小瑟白天第一個小睡很早就開始，午睡和之前的小睡間隔不遠。毫無疑問的，小瑟的早起，和白天充足的睡眠一定有密切關係！

　　小瑟的媽媽堅持要小瑟每天睡足十二個鐘頭——包括跟哥哥一起午睡，因此唯一的解決辦法就是——她必須讓兒子早上保持清醒，只在下午午睡；另外晚上要延遲一個小時，也就是八點再上床。

　　剛開始調整的幾天，小瑟常常哭鬧、而且很累，漸漸的他也就習慣了。距離他早晨能睡晚一些、只用一次午睡彌補不足的睡眠，而且恢復為往常的好脾氣，前後只花了兩個星期。

### 試著「馴服」你家的早起兒。
### 或許你的寶寶就能因此多睡寶貴的一個鐘頭。

# 我的孩子太晚睡

孩子當中不是只有早起兒，還有很多「夜貓子」——爸爸媽媽已經累得跟狗一樣，最想做的事就是上床睡覺，但寶寶到了午夜，卻依舊精力旺盛。

## 如何幫助孩子早點上床睡覺？

造成入睡問題的主要原因，經常是因為我們晚上帶寶寶在「正常時間」就寢時，他體內的生理時鐘還未到達睡眠時間。

- 早上早點叫醒你的寶寶，免得他晚上清醒的時間太長。
- 避免白天太晚午睡。至少要讓孩子在晚上上床前，保持四個鐘頭的清醒。
- 舉行一個和諧的睡前儀式，在固定時間做同樣的事，但時間不要拖得太長。

你的孩子大部分時間只是躺在床上，並沒有睡著，因為他的生理時鐘還沒有走到該睡的時候。該怎麼辦呢？這時候你只

能做一件事：

- 跳過他躺在床上，但不熟睡的時間，在寶寶真正想睡的時候才讓他上床。這可能會比他平常上床的時間晚一個小時，甚至更晚。重要的是，隔天早上不能讓你的寶寶比平常晚起床，要在他平常就會醒的時間叫醒他！幾天以後，你可以試著把上床的時間往前挪一些。

## 剛開始會遇到的困難

你可以在第 136 頁的問卷，寫出你的孩子從躺著到睡著需要多長時間。如果平均超過半個小時，你就該採取行動。但是你得先忍受剛開始時的一點挫折：你的孩子在頭幾個夜晚不會馬上入睡，而且白天還會疲累哭鬧，然而疲倦最終還是會獲勝的。漸漸的，當你抱他上床時，孩子的生理時鐘就會指向「睡覺時間到了」。

## 小「夜貓」

▶▶ 芭芭拉六個月大，總是在晚上十點到午夜之間入睡。媽媽
雖然會按時餵她，卻讓她自己決定什麼時候要睡覺。芭芭
拉自訂的作息是：「我要有三次午睡，至少有一次是在晚
上六點以後。我希望晚上最好永遠不用上床睡覺，所以我
白天一定要睡得飽飽的。」

經過諮詢後，媽媽嚴格執行睡覺規則——芭芭拉醒著的時
候就讓她上床睡覺，而且是在下列的時間：晚上十點到早上八
點半、上午十一點半到下午一點、以及傍晚四點到五點。剛開
始，媽媽必須每次都把芭芭拉叫醒。

他們將做每件事的時間都往前推十分鐘，一星期後，媽媽
總算讓芭芭拉在晚上九點的時候上床睡覺，芭芭拉乖乖的接受
了新的時間安排。

## 三歲以後的幼兒睡眠問題

「我睡不著！」幼兒園和上小學的孩子特別喜歡說這句

話。他們晚上常會為了睡覺吵鬧——不停的爬下床、溜出房間、不斷有新的藉口，最後爸爸媽媽生氣了、孩子哭了，搞得大家又煩又累。如果這種情形總是持續一個小時、或是更久，你可以肯定，孩子的生理時鐘還沒有走到睡眠時間。他不願意上床睡覺，這造成你很大的困擾。但是實際上，孩子根本還不能入睡。

## 孩子需要的是你的幫助，而不是責罵。

你可以和孩子這麼說：「你每天晚上只要睡不著都會鬧。我想這不能怪你，不過我要給你一個建議——你可以晚一個小時再上床，這一小時內，你可以看書或是聽音樂，但是不能離開你的房間。一個小時到了，我就會來說晚安，然後關燈。」如果這樣能和平化解孩子的睡覺問題，慢慢的你就可以把孩子上床的時間稍稍提前。如果你的孩子是「少睡寶寶」，你就只好把上床時間訂得晚一點。至少，你已經找到一個大家都可以

接受的解決辦法。

# 我的孩子半夜很清醒

　　你的孩子會夜裡醒來一次或好幾次，而且長時間不能再入睡嗎？即使你從旁協助，他有時候也需要一個小時或者更久才能再次入睡嗎？在第 136 頁的問題中，你可以算出孩子夜裡平均的清醒時間總共多長。夜裡清醒的時間通常很不一致，有時候孩子會醒來兩個鐘頭，有時候他又一覺到底，你可以在觀察幾天以後計算出一個平均值。他是否每夜清醒的時間都超過一個小時？若是如此，那你孩子的生理時鐘，並沒有把整個夜晚都定義成「睡眠時間」，而且讓每晚都有一個鐘頭以上的清醒時間。此時，你孩子的睡眠規律已經出現了問題。

## 躺在床上時間 = 睡覺時間

你的孩子還不知道夜晚是用來睡覺的嗎？想要讓他學到這一點，你只能允許他躺在床上的時間就等於他睡覺的時間。睡眠干擾的孩子通常睡得極不規律。透過 136 頁的問題、或是本書附錄的睡眠紀錄表，你大約可以計算出孩子夜裡平均睡多久，這就是你孩子的睡眠時間。讓孩子晚點上床睡覺、早點叫他起床，使他躺在床上的時間不要超過他真正在睡覺的時間。

### 夜晚是用來睡覺的

請根據第 136 頁的問題比較一下：就寢後，你的孩子躺在床上和真正在睡覺的時間，各是幾小時？你的孩子躺在床上時，清醒的時間比睡著的時間長嗎？關於這些問題如何解決，你可以在下面找到答案。

### 每天夜裡清醒三個小時

▶▶ 不到兩歲大的珍妮有睡眠規律被干擾的問題。她是早產

兒，剛出生的時候是個「愛哭寶寶」，夜晚從來沒有完全安靜過。半夜裡，她通常會醒來很久。

雖然珍妮從晚上八點到早上九點都躺在床上，但是凌晨一點時她都會醒來，而且一醒就是好幾個鐘頭。頭一個鐘頭她可以跟自己玩，很乖的在自己床上咿咿呀呀。之後她就會開始哭鬧，媽媽餵她水，抱她幾分鐘，然後一切重新開始，直到兩、三個小時候後珍妮才又睡著。相反的，中午她可以毫無問題的睡三個鐘頭。

珍妮睡眠充足，夜裡她可以睡十到十一個小時，白天又可以睡三個小時。但是她幾乎每天夜裡都會醒來，從凌晨一點到四點足足躺在床上三個小時！其實解決的辦法很簡單，珍妮的爸媽只需要做一件事——分別在早上七點半、以及珍妮午睡超過兩小時的時候叫醒他們的女兒。幾天後，珍妮馬上能一覺到天亮。因為她夜裡糟蹋掉的睡眠再也不能從早上或白天的小睡補回來，所以她輕而易舉就學到：夜晚是用來睡覺的！

珍妮夜晚躺在床上的時間，比她實際在睡覺的時間多了三

個小時；白天還有三個小時的午睡。假使珍妮一整天下來總共睡十三個小時，她躺在床上的時間就不應該比十三個小時長。所以，一旦她晚上睡夠十一個小時、中午睡夠兩個鐘頭時，請爸媽一定要把她叫醒。直到她躺著的時間不再長於她睡覺的時間，珍妮的生理時鐘才會在晚上該睡覺時，走到正確的位置。

像珍妮這樣在床上的時間大於真正睡覺時間的孩子，他們睜著大眼躺在床上，就是無法睡著。跟大人一樣，這種感覺對幼兒來說也是很不舒服的。

很多父母早晨看著他們的孩子安詳酣睡的模樣，很難狠下心叫醒孩子。加上自己也很疲憊，自然希望孩子也多睡點，同時自己也好好補眠，特別是週末的時候。但是，如果孩子睡眠的規律像珍妮一樣嚴重失序，就沒有什麼辦法會比叫醒孩子更有效。短短幾週內，孩子新的睡眠規律便可以建立起來，這個時候就不用特別叫醒他們了。

## 晚上的「午睡」

▶ 娜丁兩歲半的時候，她的父母前來諮詢。他們已經找過很
多醫生，甚至給女兒吃藥，但都沒有成效。娜丁的生理時
鐘已經亂了。娜丁每晚七點的時候會乖乖上床，而且很快
就睡著。但是一小時後她就會醒過來，吵著要起床。不管
她的父母再怎麼努力，嘗試用各種方法哄她入睡，她還是
要起來。

娜丁到客廳，在父母身邊玩一玩，吃點零食。電視開著的
時候，她可以安靜自處，但是因為娜丁的耐力實在很驚人，所
以疲累的爸爸或是媽媽必須輪流在電視前陪著她。大約十二點
半，她終於在沙發上睡著了。爸媽抱她上床後，她會一覺睡到
早上八點或九點；有時候還會在中午十二點左右睡個午覺。

什麼地方出了差錯？每天晚上，娜丁睡著一個小時後都會
醒來三個小時。問題出在晚上八點到九點的睡眠，其實是一種
補眠的午覺。接下來的三個半小時，娜丁的生理時鐘指向「精
神亢奮」。對娜丁來說，夜晚是從午夜過後才開始——娜丁變

成一隻「夜貓子」了。了解狀況後，娜丁的父母只需將晚上的「午睡」挪前到一個適當的時間，然後使用「躺在床上時間 ＝ 睡覺時間」的原則（請見 145 頁），就可以解決問題。

娜丁白天和晚上的睡眠加起來是十個半小時。她「晚上的午睡」被取消，取而代之的是固定在中午讓她上床，一個半小時後叫醒她。剛開始，娜丁只能在午夜後上床，而且最長九個小時後就要叫醒她。慢慢的，娜丁上床的時間漸漸挪前，四天後，爸媽已經把她的上床時間挪前到晚上九點半，而且過程中完全沒有遭遇抵抗，娜丁從此一覺到天亮。新的作息對她的睡眠很有好處，幾個禮拜過去之後，她有時候會比以前多睡一個小時，甚至兩個小時。

**晚安，少睡寶寶！**

與珍妮相比，亞寧的睡眠干擾問題比較嚴重而難以認定，因為他的整體睡眠時間比較少。根據我們的經驗，要爸媽們對「少睡寶寶」使用「躺在床上時間 ＝ 睡覺時間」這條原則，可

以說是難上加難。

▸　兩歲大的亞寧就是這樣一個例子——一個貨真價實的天才少睡寶寶。他就是不需要睡多於八、九個小時。白天他也早就不睡了。

「躺在床上時間 ＝ 睡覺時間」原則如果套用在亞寧身上，他就只能被允許躺在床上八個半小時。爸媽商量之後，決定把亞寧的睡覺時間訂在晚上十點到隔天早上六點半。剛開始時他們很難接受這樣的調整，但這總是勝過在午夜還有凌晨三、四點起床，對付精神亢奮的亞寧。至少，亞寧和爸媽都可以一覺到天亮了。

# 重點整理

如果你的孩子很早就醒，很晚才睡，或者日夜顛倒，身為父母的你會覺得壓力很大。你不必為孩子犧牲，現況是可以改變的。

### ☑ 你的孩子太早醒來嗎？

- 將孩子的睡眠時間往後挪。
- 在孩子起床後和白天第一次小睡之間，讓他有足夠的清醒時間。

### ☑ 你的孩子晚上太晚睡嗎？

- 早上提早叫醒他。
- 避免他午睡睡得太晚。

### ☑ 你的孩子夜裡清醒的時間很長嗎？

- 請善用「躺在床上時間 ＝ 睡覺時間」原則。

# 讓孩子學會一覺到天亮

現在你已經知道孩子的睡眠是如何運作的。此外，孩子應該盡可能在固定的時間，獨自在自己的床上入睡。這樣就算他在夜裡醒來，也可以再次獨自入睡。

　　你的寶寶已經六個月大，但是睡眠的習慣很不好嗎？你可能也在思索著，一定有什麼地方「做錯」了。你會開始想：「我還能怎麼做？孩子醒著的時候，就抱他上床、留他自己一個人在那兒？他才不幹！他哭鬧的話，我怎麼辦？」

　　我們的建議絕不是：「就讓他鬧吧！」你不該坐著枯等，期待問題會自己解決，因為你可能得等上很多年的時間。我們建議你還是採取主動，做些你的寶寶一開始不會喜歡的事──他所需要的，你還是會一直給他，但絕不是予取予求。對很多寶寶（對父母也是）來說，這是一個新的經驗。剛開始的時候，幾乎沒有一個寶寶不會抗議。但是──

**假使父母有系統的從旁持續支持，**

**幾乎所有的寶寶都可以在兩個星期內改變習慣，**

**學會一覺到天亮。**

## 父母可能愈幫愈忙

在第一章裡我們提到，如果孩子在父母的幫助下才能入睡，可能會出現兩個問題——孩子會啟動「警覺系統」，不是入睡時間延遲，就是半夜醒來感覺好像缺了什麼，無法再自己入睡。所以他會一直哭鬧，直到父母重新把他習慣的入睡條件設定好。這種情形一夜會重演好幾次，寶寶也就沒有辦法一覺到天亮。

這些問題是可以避免的。假使你的寶寶需要你幫忙才入睡，但夜裡醒來後他可以毫無困難的繼續躺著、而且能酣睡到第二天早上，這樣當然沒有改變的必要。但如果他醒來之後，只有在你的協助下才能繼續入睡，而且一夜醒來好幾次，那麼你可以確定：你的「協助」正是造成干擾的原因。


# <u>不良的入睡習慣</u>

幫倒忙的入睡習慣花樣出奇的多。大部分的情況是，孩子

每次要睡覺的時候都「需要」這些協助，不論白天、晚上還是夜裡。也有孩子在白天小睡時可以自行入睡，夜裡卻規律性的「需要」父母。接下來我們要介紹最常見的不良入睡習慣。

## 奶嘴的幫助

當羅勃的媽媽來找我們時，她非常沮喪。在我們的壓力溫度計上（請見 41 頁），她勾選了最高的數值 5：「精神瀕臨崩潰，再也受不了」。

## 每小時都要起來一次

▶ 羅勃六個月大，白天是個模範寶寶。他每天總共睡十五個小時，超過平均值，他甚至可以自己在小床上睡著。雖然如此，羅勃還是有睡眠問題。這和他的奶嘴有關。夜裡羅勃會醒來五到十次。

　　醒來之後，羅勃常常很快就又睡著。但是他的媽媽卻還是清醒的躺在他身邊很長一段時間，因為她感覺：「下一秒，羅

## 你的寶寶有哪些睡眠習慣？

• 你的寶寶入睡時，需要得到哪些協助？

○ 奶嘴
○ 抱著踱步
○ 哺乳
○ 奶瓶
○ 爸爸或媽媽陪著躺在床上
○ 爸爸或媽媽留在房間
○ 搖一搖
○ 坐車或娃娃車兜風
○ 其他：_____

• 你的寶寶什麼時候需要這些入睡協助？

○ 白天
○ 晚上
○ 半夜裡

• 你的寶寶夜裡會哭著醒來的次數有幾次？

如果你的孩子夜裡不能一覺到底，而且總是需要一次以上的幫助以入睡，那很顯然的，你的入睡協助一定和孩子的睡眠問題有關。

勃就會開始哭鬧。」這帶給她很大的壓力，也是她無法入睡的原因。

雖然羅勃能單獨在自己的床上入睡，但是夜裡他習慣性的需要媽媽。他還太小，無法自己找到奶嘴，沒有奶嘴他睡不著。這時最極需採取的行動，就是戒掉奶嘴。

你一定記得，基於安全理由，我們建議給寶寶吸奶嘴。但是最好只有晚上一次，而不是在夜裡很多次。如果你的寶寶醒來之後，需要奶嘴才能重新入睡，而他的奶嘴又常常掉，那麼給他奶嘴就不再是好方法。像羅勃這樣聰明的孩子，會把奶嘴和入睡連結起來，這時「奶嘴法」就是弊多於利。

為了讓羅勃更容易學習睡眠，羅勃的媽媽馬上把奶嘴收起來，開始實行睡眠學習計畫。或許從表面看來寶寶非常「依賴」奶嘴，但是讓孩子放棄吸吮的習慣，比父母想像的容易得多。一般而言，三天以後，奶嘴就會被遺忘。小羅勃也是，哭一下下，很快就安靜下來，三天後他就可以一覺到天亮。

有時我們會建議，不要直接戒掉奶嘴，而是再嘗試一陣子

看看。如果孩子不需要父母的幫助也能吸得到奶嘴，問題就會迎刃而解，吸奶嘴反而成了有利入睡的條件。如果你很早就把奶嘴放在他手裡，而不是塞進嘴裡，你可以訓練孩子自立。九個月大以後，你的寶寶就會自己用奶嘴，在夜裡也一樣。因為奶嘴常常會掉到床下，你可以多放幾個在床上（請不要放太多，孩子也需要睡覺的空間）。

有些孩子會發現，如果沒有奶嘴，拇指可以代勞。但是這只是例外狀況，不是常態。

## 奶嘴本身通常不是問題所在。
## 它常常只是入睡工具，
## 爸媽的入睡協助才是寶寶更難戒除的依賴。

### 在爸媽懷裡

抱著寶寶走來走去是很累人的事。要寶寶戒掉這個習慣並單獨在自己床上入睡，對他們來說是很困難的，因為他們要放

棄的東西，比羅勃的奶嘴還要多。

## 好幾個小時的夜行軍

▶▶ 菲力（十三個月大）從五個月大到八個月大都一覺睡過
夜，之後他生了一場很嚴重的病。在他生病期間，他的父
母養成抱著他走來走去哄他睡覺的習慣。後來，即使菲力
恢復健康，卻不願意放棄這個習慣。爸媽晚上要抱著他走
十到十五分鐘，中午三十分鐘，更糟的是，夜裡菲力也需
要爸媽抱他五至六次。每次只要從作夢期過渡到深睡期，
他都會哭著醒來。

　　菲力會在父母的懷裡睡著，但是卻不能太早把他放回小床
上。很顯然，他的「警覺系統」一直處於開啟的狀態。就這
樣，夜裡菲力的爸媽要輪流把他抱在懷裡，甚至達兩個鐘頭之
久。他們的耐心的確可敬，但是最後兩個人都累垮了。他們指
望菲力能戒掉這個「被抱著睡」的習慣，這對所有當事人來說
都不是容易的事，但是我們成功了。辛苦幾天之後，大家都好

過多了。

## 身體接觸

再來要介紹的是另一種會導致不良睡眠習慣，卻也很普遍的入睡協助——爸爸或是媽媽跟孩子躺在一起直到孩子睡著，或者是把孩子抱到爸媽床上睡。有些父母則是躺在嬰兒床前、或者坐在床前，握著寶寶的手直到他睡著。這些孩子似乎有一個共通點，他們都需要感覺到父母的身體接觸才能入睡。

對很多父母來說，這種在孩子身邊和身體接觸的方式，不像抱著躞步那麼累。但是有些孩子卻有特別要求：他們要玩媽媽的頭髮、要爸爸媽媽拍背、要把手指伸進媽媽的嘴裡，或者玩爸爸的鬍子。這些孩子如果在半夜醒來的話，通常會被抱到父母床上一起睡；比較大的孩子，就會自己爬上父母的床——但是至少他們不是在父母床上睡一整夜。

**睡在床墊上的媽媽**

➤ 兩歲的娜莉一向睡得很好，但是她忽然開始討厭她的床，只要一接近，她就開始哭鬧。媽媽猜想，她可能是害怕一個人睡，所以在娜莉的房間多擺了一張床墊。媽媽每天晚上就躺在床墊上，握著娜莉的手，陪著她一起睡。

二十分鐘以後，媽媽通常就可以離開房間。夜裡，娜莉原則上會呼叫媽媽兩次。這時媽媽就會過來躺到床墊上，等她再次睡著。

現在娜莉的媽媽又懷孕了，肚子愈來愈大，這個情況必須有所改變。因為娜莉不再害怕，似乎也不是真的需要媽媽，所以做改變應該不會太困難。

**凌晨舉重抱小孩的媽媽**

➤ 這些習慣有多根深柢固，我們可以從八歲大的馬斯身上略窺一二。他的媽媽現在還是每晚陪他躺著，直到他睡著。可想而知，他每天夜裡都會溜上父母的床。幸運的話，爸

爸媽媽沒有發覺，他就可以睡到天亮。但假使媽媽醒過來，或媽媽覺得睡得不舒服的話，就會把他抱回自己的床上去。

雖然馬斯的入睡習慣已經行之有年，改變卻比想像來得容易。媽媽直接告訴馬斯，她決定晚上不再陪他入睡。她很驚訝，馬斯居然沒有異議，從此馬斯也不再溜上父母的床。

## 母奶與奶瓶

父母在身邊或是身體接觸，對某些寶寶來說還是不夠。他們還要媽媽哺乳，或是用奶瓶喝點東西。這些寶寶夜裡不是喝掉一瓶水、果汁或是牛奶，就是還要媽媽起來哺乳好幾次。你的孩子若是夜裡已經習慣會渴、會餓，你應該想辦法或戒掉他夜裡多餐的習慣。如何實行，我們會從 193 頁開始告訴你。

有些孩子半夜只是吸媽媽的乳頭，不是真正在喝奶，或者他們只是從奶瓶裡象徵性的吸上幾口。這種情況，就像奶嘴的例子一樣，吸吮只是一種入睡協助，渴或餓根本不是問題。

## 其他的助睡方式

　　推著嬰兒車逛、開車兜風、放進搖籃或是吊床、唱歌、不停給音樂盒上發條……助睡招數可是包羅萬象。為了讓孩子高興，父母就會有無窮的創意與耐心，有時候甚至還會想出連環計來幫助孩子入睡。

## 過分的要求

▶▶ 我對約納塔（兩歲大）的媽媽所做的付出印象深刻；每個中午和晚上約納塔都要媽媽陪著一起躺在床上。但這樣還不夠，他還要拔媽媽的頭髮直到睡著。

▶▶ 榮恩（七個月大）夜裡要喝四次奶。然後媽媽還要抱著他唱歌。他比較不喜歡爸爸的歌聲，但是他要爸爸抱著走來走去。

▶▶ 十個月大的薇拉已經習慣一整套的助睡動作──晚上她躺在床上喝一瓶奶，然後媽媽給她奶嘴，接著用手遮住她的眼睛直到她睡著。夜裡整套遊戲要重複七到九次，每次薇

拉都要從奶瓶裡喝一點奶。大約凌晨一點，父母還得把她移到自己床上。

# 改變入睡習慣

之前描述的所有入睡習慣，可能會以各種組合出現。所有的習慣都不利於入睡，但也都可以用類似的辦法改變。以下介紹一種非常普遍的解決對策，這個方法卻也是我們要阻止的。

## 任由他哭？

手足無措的父母，常從朋友或是祖母那裡聽到這樣的建議：「讓孩子去哭，不要理他。」有些小兒科醫師也會給這種建議。他們的理由是——如果孩子夜裡一哭叫父母就來到身邊，等於獎勵他們哭鬧。孩子會學到：「我一哭，要什麼就有什麼。」相反的，如果不理他，孩子就會學到哭鬧是不管用的。

過去這種做法十分普遍，四、五十年前也的確沒聽過有嬰幼兒睡眠問題的相關報導。我們的研究同時顯示，「不理會孩子的哭鬧」這種辦法是有效的。然而——

## 我們不建議這種「任由他哭」的方法是有原因的。

　　這種「任由他哭」的辦法，必須持續執行很多天才能見效。這表示，孩子每次都得哭到他睡著。最糟的情況下，他可能會獨自躺在床上哭泣好幾個鐘頭，不明白到底發生了什麼事。之前，他習慣一哭很快就有人來回應；現在他可能會覺得被遺棄，內心充滿極度的分離焦慮。這是我們要極力避免的。

### 只有少數人能承受

　　許多無計可施的父母會嘗試這種「任他哭鬧」的辦法，但是很快就又放棄，因為無法成功。絕大多數的父母會不忍聽聞寶寶持續哭鬧，半個小時或一個小時之後就撐不下去了。這期

間有不少夫妻還會爆發爭吵，爭執這種辦法的意義。最後，往往有一方會去抱起寶寶，給他原本該戒掉的入睡協助，比方說奶嘴、奶瓶等等。

## 如此一來，孩子絕對無法學會單獨入睡。
## 他學到的反而是更長的哭鬧。

經過長時間的哭鬧，孩子得到的正是他想要的。這種結果讓他學到——長時間的哭鬧是值得的。假使父母每次都把等待的時間拉長，孩子哭鬧的時間可能會因此持續兩、三個小時。這對父母或孩子並沒有好處，情況反而比以前更糟。

### 睡眠學習計畫

以下介紹我們的睡眠學習計畫。這個計畫的基礎，是斐博教授在美國波士頓的孩童睡眠中心所發展出來的幾個原則。

孩子們不見得能立刻接受這些方法並改變他們的習慣，但

是他們不會哭鬧那麼久，因為父母不會對他們相應不理。取而代之的是，他們會得到父母規律性的親近。只是，當他們哭鬧的時候，不會正好得到他們想要的。正因為如此，他們很快會停止哭泣，大多數父母也因此得以貫徹計畫。只有貫徹計畫，你的孩子才有可能在幾天後單獨入睡，而且一覺到天亮。

　　在這種方式之下，寶寶會「忘記」哭鬧。因為他沒有辦法藉由哭鬧得到他想要的，取而代之的只是爸爸或是媽媽短暫的探望安慰。同時他也累了想睡覺，因為他總是在適當而且固定的時間被帶上床，並且在同樣的條件下被叫醒。寶寶很快就會知道：「我費盡力氣大哭大喊，結果呢？爸爸媽媽的關愛不值得花這麼多力氣去爭取，我還是睡覺好了。」久而久之，寶寶對睡眠的需求會大過對習慣的需求。經過漸漸拉長等待時間，寶寶會學到：「哭喊再久也沒用，爸爸媽媽不會讓我如願的。」

　　另外一個學習過程其實也在同步進行。每當你的寶寶自己睡著一次，你就離目標更近一步。漸漸的，獨自在床上入睡的感覺會成為寶寶的習慣和理所當然的秩序，再也不會因此拉

「警報」了。不消幾天，這個習慣便替代了以前不利睡眠的入睡協助。

你的寶寶夜裡還是會醒來。但是現在，他不需要你的幫助就可以重新入睡。

## 每個孩子學習方式不同

當你施行睡眠學習計畫時，剛開始的幾夜，對你和寶寶來說可能都會很困難。有些孩子從來都沒有獨自在床上入睡過，他會努力抗爭，這也跟他們本身的脾氣、以及之前的學習經驗有關。此外，他們對行動計畫的反應也會不同。有些孩子從不哭超過十五分鐘，而且二到三天後新的習慣就養成了；有些小孩第一次可能會哭上一到兩個小時——很少有哭更久的例子——直到他們入睡。這段時間內，爸爸或媽媽可能要去安慰他們十次或更多次，告訴他們：「我們在你身邊，什麼事都沒發生。」

## 如何執行睡眠學習計畫？

按照計畫的步驟，你的孩子將會學到如何單獨入睡並且一覺到天亮。
前提是，你的孩子必須至少六個月大，而且身體健康。

- 首先你必須將上床時間固定下來，每天白天、夜晚都在這個時間帶
  小孩就寢。固定的就寢時間是有效的入睡靈丹。計畫能不能達到成
  效，取決於寶寶在他的「就寢時間」是不是真的睏了。還記得「躺
  在床上時間 ＝ 睡眠時間」的原則嗎？你應該在小孩能真正入睡的時
  間點才帶他就寢。情況嚴重的話，甚至要晚於入睡時間才讓他上床。

- 到目前為止，所有你提供給孩子的入睡協助——例如抱、哺乳、奶
  瓶等——都必須清楚的和入睡這件事分開。做這些事的時間點和入
  睡的時間點至少要分隔半小時以上。

- 就寢前，要和孩子在和諧的睡前儀式中密集的互動接觸。然後馬上
  把清醒的寶寶單獨放上床、道晚安，或者也可以給他一個吻，然後
  離開孩子的房間。

- 醒著單獨躺在床上，對孩子來說感覺很不尋常。他可能會開始哭泣，
  同時期待你很快再給他習慣的助睡工具。但這不是你現在該做的；
  你應該要遵守時間表，在去看孩子之前先等個幾分鐘（請見 171 頁
  的等待時間表）。我們的經驗是，大多數的父母是可以忍受讓孩子
  哭三分鐘的。所以在我們的時間計畫裡，一開始的等待時間是設定
  為三分鐘。

- 請見錶行事，因為這麼短的時間很難用感覺測量，你會覺得度秒
  如年。

- 在這段時間，可以把孩子房間的門關上。

- 如果寶寶繼續哭，三分鐘後你可以進去看他或陪他一下。你可以用沉穩堅定的聲音跟他說話，安慰他、撫摸他。如果他站起來，再讓他躺回去。如果他再站起來，再讓他躺回去，但是就此為止，不要再多做。不要把他抱起來靠在懷裡，也不要給他任何助睡工具，例如媽媽的胸部或是奶瓶。你的孩子只需要知道你在他身邊給他關愛，別的不需要。

- 不要讓你的孩子在你面前睡著。你可以告訴他：「沒事沒事，我在你身邊，只是你現在要學習自己獨自入睡。」對很多父母而言，把這句話說出來會有一些幫助。你的孩子可以在你的語氣中得到安全感，同時感覺到你的堅持、溫暖和關懷──即便他還聽不懂話中的意思。

- 有些孩子在父母出現時會哭喊得更大聲。在這種情況下，請你只做短暫的停留。原則上，孩子叫得愈大聲，你停留的時間要愈短。但還是每隔一會兒就去看他，不要讓他感覺被孤單的留下來。

- 不論孩子還在哭或是已經安靜下來，最遲兩分鐘後你就要離開房間，然後再看錶計時。這次等久一點──時間表上是等五分鐘──再去看寶寶，讓他相信一切都沒事。接著重複上述的動作。最晚停留兩分鐘後離開，再繼續等。這一次等七分鐘。

- 假使寶寶還是不睡，從這次起每隔七分鐘去探看他一次，讓他知道你在他身邊──直到他真的自己在床上睡著。

- 白天的小睡、晚上上床以及夜裡醒來再入睡，爸媽開始時都是等待三分鐘，最後拉長到七分鐘。

- 第二天以五分鐘開始，接著拉長到十分鐘；之後保持間隔十分鐘，直到孩子自己睡著。第三天以七分鐘開始，還是以十分鐘結束。不要讓你和孩子等待十分鐘以上。

- 等寶寶真的哭了你才進房間。只是輕輕嗚咽的話，他自己安靜下來的可能性很高。你可以等等看。

**去看寶寶前的等待時間表**

| | 第一次 | 第二次 | 第三次 | 之後每一次 |
|---|---|---|---|---|
| 第一天 | 3 分鐘 | 5 分鐘 | 7 分鐘 | 7 分鐘 |
| 第二天 | 5 分鐘 | 7 分鐘 | 9 分鐘 | 9 分鐘 |
| 第三天 | 7 分鐘 | 9 分鐘 | 10 分鐘 | 10 分鐘 |
| 從第四天開始 | 10 分鐘 | 10 分鐘 | 10 分鐘 | 10 分鐘 |

**白天的睡眠學習**

- 在晚上和夜裡儘管按照計畫進行，直到孩子睡著。白天則有其他做法——如果寶寶躺在床上三十到四十五分鐘還不睡，就把他從床上抱起來，讓他保持清醒，直到下一次的小睡時間。這段時間內，要讓他保持清醒狀態可能會很辛苦。你的孩子可能會脾氣不好，或者在遊戲當中睡著。這種情況下，可以給他蓋上小被子，讓他睡十五分鐘。畢竟他在沒有你的幫助下自己睡著了。

- 重要的是，白天和早上要在同一個時間叫醒你的寶寶，即使他醒著躺在床上。因為如果他有機會補眠的話，就會養成不良的睡眠習慣，這麼一來，睡眠學習計畫也就沒有用了。

**如果你徹底實行計畫，**

**通常三天後狀況就會有很明顯的改善，**

**甚至問題已經解決了。**

幸好，比起大人來，孩子養成新習慣要容易得多。

**當寶寶有十次未經協助而獨自睡著，**

**那麼他就已經突破瓶頸了。**

睡眠學習過程極少會超過一個星期，通常最慢兩個星期，孩子就應該習慣獨自入眠，並且一覺到天亮。然而，小孩間的個別差異很大；我們的睡眠學習計畫可以提供你作為參考，你自己要決定如何把計畫運用在你和孩子身上。只有適合你們需求的計畫才會有效。

## 計畫的適度調整

　　通常我們建議，一開始白天和晚上就同時執行睡眠計畫。如果白天和晚上的睡眠條件一致，寶寶練習獨自入睡的機會愈多，學習效率會愈高。有些父母卻不願意馬上就做一百八十度的轉變，如此一來，你的計畫就必須做適度調整。

## 分兩個步驟施行

　　你不需要馬上改變整個現況；你可以把學習過程分成兩個步驟。但是要等到孩子能睡過夜，你也需要有比較多的耐心。

　　第一步，你的孩子要學習如何按照計畫在白天單獨入睡。夜裡醒來的話，他可以得到從前慣有的入睡協助 —— 馬上就給，不必讓他等待。幸運的話，說不定寶寶會把白天新學到的入睡能力也用到夜裡，那你很快就可以享有夜裡的安寧。

　　第二步，如果你的寶寶在一到兩週之後已經可以單獨入睡，但是夜裡還是會規律醒來，你就必須在夜間也施行睡眠學習計畫。

## 改變等待時間

　　根據我們的經驗，時間計畫所使用的等待時間——也就是孩子單獨在房間的時間——是可行的，大多數的父母都能接受。但是你也可以在施行睡眠訓練之前設定一個不同的時間表。你也許覺得讓寶寶單獨待在房間裡好幾分鐘並不妥，那麼你可以把時間縮短。你可以把之前建議的所有等待時間都縮短兩分鐘。等待時間延長到五分鐘後，就不要再繼續延長時間了。

　　你覺得縮短後的時間還是太長嗎？那麼我們建議你使用「乒乓球法」。你每次離開房間的時間可以很短，三十至六十秒後你再回到寶寶身邊，讓他看到你，或者跟他說說話。等待的時間不要拉長，原則上就是把握來來回回——好像打乒乓球一樣。不過執行這種方法時，你必須要有足夠的耐心。如果你能貫徹執行，長期下來還是可以見到成果，你的孩子終究還是能獨自在他的床上睡著。像這樣進進出出，當然會有些煩擾；但是如果你想完全避免寶寶產生分離焦慮，這樣做或許是比較保險的。

有些父母會把等待時間稍微拉長。因為他們在場時，顯然不能讓小孩安靜下來，這反而使他們更生氣。最早發展睡眠學習計畫的斐博教授曾建議父母將等待時間拉長到三十分鐘，甚至四十五分鐘。但我們認為這樣的等待時間太長了。

### 你可以任意縮短睡眠學習計畫中的等待時間，但最好不要拉長。

　　睡眠學習計畫是否奏效，並不是取決於你設定的時間間隔。更重要的是，要選擇一個適合你的時間表，讓你能夠每天堅持到底。你可能會覺得硬是要訂定一個制式的計畫似乎沒什麼道理，可是對很多父母來說，從一開始就清楚的知道下一步該做什麼，這是很有幫助的。

### 計畫能夠帶給你安全感，讓你可以掌控並且鎖定目標，也能讓寶寶感覺到你的堅定。

與其讓寶寶察覺到你的無助與不確定，不如按表操課，更容易讓他放棄為了難捨的積習而戰鬥——說穿了，這其實是一場權力鬥爭。

## 留在房間裡

有些父母甚至對「乒乓球式」的間隔安排也感到不安。連三十秒的分離，他們都不願讓寶寶承受——擔心寶寶因此覺得孤單被遺棄，導致日後心理產生陰影。你應該聽從自己內心的聲音，如果你屬於這類父母，請你選擇以下所述的睡眠學習計畫替代方案。

你可以在孩子醒著的時候就讓他單獨就寢，不要再協助他入睡——不論是喝東西、抱著踱步或是握著他的手。但是你可以留在房間裡，讓寶寶看到你，比如坐在一張靠近門的椅子上。之後你可以一步一步的離開房間。

接下來按照時間計畫，每隔幾分鐘就靠近床邊看孩子，跟他說說話，之後再坐回椅子上。利用這種方式，你可以確定孩

子不會害怕。你在房間裡，寶寶可以看見你。如果寶寶還是哭了，這跟恐懼沒有關係；這種情形下，寶寶哭的原因是因為他沒有得到想要的。

如果你在場對寶寶有幫助的話，就繼續留在房間裡。只是如此一來，你需要更多的耐心，直到寶寶能學會自己入睡為止。如果寶寶依舊哭鬧，或許你還是應該選擇「正常」的計畫（從 169 頁開始）來幫助寶寶學習睡眠比較好——如果你的內心不抗拒的話。

## 利用睡眠紀錄監測成效

我們在第二章裡介紹過睡眠紀錄。如果你的寶寶必須藉由睡眠學習計畫調整睡眠習慣，做紀錄也會有很大的幫助。

## 替寶寶做睡眠紀錄

請你把孩子進食、睡覺以及哭鬧的時間都寫進紀錄表（請見附錄「我的睡眠紀錄表」）。你可以藉此清楚掌握寶寶的進步情形。

## 典型的過程

▶ 薇拉（十個月大）的睡眠紀錄表**圖3-1**，顯示的是一個相當典型的過程。在調整之前，薇拉的睡眠儀式相當複雜，需要奶瓶、媽媽乳頭、奶嘴、用手遮眼睛以及移到父母床上。夜裡，這些步驟要重複七至九次。晚上薇拉要花兩個小時才能睡著，夜裡還會醒來一個小時之久。

白天薇拉表現得像是沒睡飽似的。要實施睡眠學習計畫，薇拉得要放棄很多東西。她的爸媽知道薇拉的意志力特別強，她是不會輕易放棄這些習慣的。所以他們等到薇拉的爸爸早上也在家、能夠支持媽媽貫徹計畫的時候才執行。此外，爸媽還決定他們接下來幾天要睡客廳。因為房子不大，所以他們要把

薇拉的床擺在主臥室裡。從現在開始,薇拉入睡前得不到奶瓶;爸媽不再待在房裡陪睡、不會把她抱到大人床上,奶嘴也從塞進薇拉的嘴裡改成放在她的床上。

一如預期,第一天大家都過得很辛苦。中午的午睡取消,因為薇拉光是抗拒入睡就幾乎花上一個鐘頭。接下來的時間同樣難過。因為薇拉脾氣很壞而且累過頭了,到了晚上,她累得完全不抵抗就在自己的床上睡著了。

過了深睡期,緊接而來的是「惡劣的清醒時間」——薇拉站在床上,激動的大叫。只要看到爸媽進房間來安慰她,她的反應就更加激烈。抱她躺下後,她馬上就會站起來。雖然如此,爸爸還是一次又一次的進來抱她躺下,同時告訴她:「我們在呀,一切都很好。」他總共去了八次,直到薇拉睡著。最後薇拉不再站起來,安靜的時間也拉得比較長。她如果只是小聲的嗚咽或者沒有出聲,爸爸就不進去了。

這時薇拉的媽媽戴著耳機坐在沙發上聽音樂,正如先前她和先生約好的一般,否則她不確定自己是不是能夠堅持下去。

後來薇拉連續睡了四個鐘頭。對她來說，這已經很不尋常，因為她之前每晚從十一點開始，總是每隔一個鐘頭就醒來一次。四點和六點的時候，她又醒過來，但是每次爸爸只需要再去看她一次。如圖 3-1 所示，從第二天的午睡開始，薇拉的抗爭就平息了。大多數的孩子都像薇拉一樣能接受改變，白天又比晚上或是夜裡更容易。

　　第三天，薇拉像之前一樣在固定的時間醒來。她只是稍微哭一下就自己再次入睡，不再需要有人去看她。

　　第五天，薇拉一覺到天亮——如果短暫的醒來哭泣不算在內的話。她持續睡眠的時間，從十小時提高到十三小時。

　　八個月後，我們發現「睡眠訓練」發揮了長期的效果。在含著奶嘴的情況下，薇拉可以輕易的在五到十分鐘內睡著——她會「自己」吃奶嘴了。現在她夜裡睡十一個鐘頭，中午再睡兩個鐘頭。

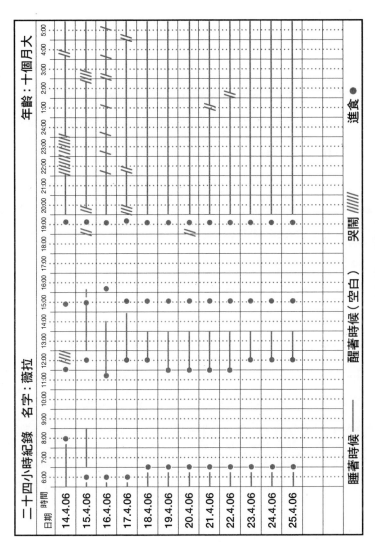

圖 3-1：薇拉的睡眠紀錄

## 可能的問題

雖然花少少的工夫就有可能達到很好的成效，但我們事前不能預見、也不能保證每個人的睡眠學習過程都如此順利。有些孩子的確比較固執，也堅持得比較久。

## 克服困難

▶ 那個必須改變夜間喝奶、媽媽陪著唱歌和爸爸抱抱習慣的榮恩，一直到第八天情況才有好轉。而十一個月大的雅妮娜雖然不久就能夠一覺到天亮，但在她睡著之前要哭個幾分鐘的習慣還是持續了三個星期之久。

有些小孩在晚上練習入睡以及一覺到天亮時很快就能成功，但是白天的睡眠卻問題重重。也或者情況相反，孩子在白天午睡和晚上上床的狀況都很好，但還是會在半夜醒來。

有極少數的例子，這個睡眠學習計畫似乎完全起不了作用——雖然爸爸媽媽每隔幾分鐘就會出現，但是試了幾天，孩子晚上和夜裡還是會哭很久。如果你的孩子有這種情形，請重

讀前一節「養成孩子規律的睡眠時間」。無法達到成效的原因，大部分會和睡眠規律有關——或許你的孩子是「少睡寶寶」，也或許他還沒找到適合的睡眠時間，找出原因是成功的先決條件。孩子的生理時鐘必須走到該睡覺的時刻，請遵守「躺在床上時間＝睡眠時間」的原則。如果你實施睡眠學習計畫的時候，孩子卻一點都不疲倦，怎麼會有好的效果？他只會站著、或躺在床上哭鬧，因為他的生理時鐘還沒走到睡覺的時刻。只有當他累的時候，睡眠需求才能戰勝不良的睡眠習慣。

### 少見但是令人擔憂的情況：嘔吐

在少數情形下會出現一個特殊的狀況：有些孩子很容易就會嘔吐。大多數的父母都知道，就算是健康的孩子，劇烈的喊叫也有可能會導致嘔吐。當狀況發生時，或許父母會受到一點驚嚇，但這通常不需要過於擔心。

如果孩子在你調整他的睡眠習慣時嘔吐了，你該怎麼辦？為了小心起見，請你馬上去看他、幫他清理乾淨，並且留在他

身邊，但是計畫要繼續執行下去。如果你早已做好孩子嘔吐的心理準備，同時冷靜、客觀的處理，這可以幫助你的孩子了解你的堅持。如果你不冷靜，而是馬上終止計畫，給孩子他要的舊習慣，這等於告訴他：「光是哭鬧得不到我想要的。但是只要我一吐，就成功了。」

▸　帕斯卡（一歲大）從嬰兒時期起就是個「愛吐寶寶」。即使是現在，他哭叫得太激動還是會嘔吐。漸漸的，帕斯卡學到「一吐天下無難事」，同時他也學會不花力氣就能輕易嘔吐。

現在帕斯卡必須藉著睡眠學習計畫戒掉入睡時需要媽媽在場的習慣。第一天晚上，他激動到連吐五次──雖然他媽媽一直留在房間沒有離開；午睡時，他的反應也一樣。到了第三天，媽媽和諮商師快要開始動搖時，他才停止。到了第五天，媽媽給了晚安吻後，可以毫無困難的離開房間。接著不久，帕斯卡就可以睡過夜了。

在此之前，帕斯卡學到的是，只要他一嘔吐就能得到他想

要的。如果這次他再得逞，將來他就有可能會如法炮製。但是，這次帕斯卡卻只得到這個經驗：「我嘔吐以後，媽媽只是來把我清乾淨。她還是不會躺下來陪我。」幾天以後，帕斯卡就覺得自己入睡很正常，而且舒服。不管是爸爸、還是祖母，都可以抱他上床睡覺。過了十二個月，他的媽媽總算能在晚上做一點自己的事了。

帕斯卡是一個極端的例子。對他和媽媽來說，改變是非常困難的。過去他的媽媽很累、而且壓力很大，她的兒子也跟著受苦，因此情形必須有所改善，這點媽媽心裡很清楚。也因為如此，雖然困難重重，她仍有毅力貫徹到底。

▶ 　對菲力的父母而言，要改變搖他的習慣並沒有那麼困難。雖然菲力哭了五分鐘之後吐了第一次，又哭了五分鐘之後吐了第二次。

但媽媽仍依照我們的建議，靜靜的替兒子換了衣服和床單，並繼續執行睡眠計畫。之後菲力就再也沒有吐過，而且幾天就能一覺到天亮。

## 小小不倒翁

　　剛剛學會抓著欄杆站起來的孩子，可能會遇上另外一個狀況——他會像不倒翁一樣，只要讓他躺在床上，他就站起來，然後站在那裡哭。站著可能不是學習單獨入睡的好姿勢。對這些孩子來說，睡眠學習特別困難，而且需要比較久的時間。你要怎麼幫助你的小「不倒翁」呢？

　　首先，抱持輕鬆的心情。你無法阻止寶寶站起來，當你進去看寶寶時，他站著你就讓他躺下，只做一次。假使他馬上再站起來，就讓他站著，等下次你進去時再讓他躺下。不要跟寶寶抗爭，也千萬不要把他按在床上。寧願多進去幾次，例如把睡眠學習計畫建議的間隔時間縮短兩分鐘。遲早寶寶會自己躺下，或者不再站起來。他也可能會變成抱著欄杆半躺、或是半蹲的姿勢，看起來雖然不太舒服，但是不要去動他。如果他自己能站起來，他就能自己找到一個舒服的睡覺姿勢。給他穿一件睡袋或被子反而會礙他的事。

　　有一些孩子真的就靠著床的欄杆站著睡著了，你可以在進

去看他時讓他躺下。不過，最好在寶寶還未學會站起來之前，就讓他學習獨自入睡。

大部分的調整改變都不會比父母先前的預期來得難熬。但是為了謹慎起見，你最好還是預計會有一兩天的痛苦期，做好心理準備。

## 更多的建議

這裡還有一些建議，可以幫助你處理可能出現的麻煩：

- 如果你很肯定：「我一定要改變現況！」那麼就徹底執行睡眠學習計畫的步驟。你要認真看待這件事，時機一定要成熟。假使你說：「我覺得有點困擾。」而沒有足夠的決心，那麼你就會付出很高的代價。按照計畫進行會帶給你和孩子很大的壓力，所以你需要有很強烈的執行動機。如果你只是抱著姑且一試的心態，不會有好的結果，反而會使睡眠問題更嚴重。

- 傾聽你內心的聲音。如果你覺得情況不對，也可以選擇

「溫和」的替代方案（從 173 頁起），讓寶寶學習睡眠。

- 要和你的伴侶一起執行計畫。如果你的另一半不贊成，計畫不可能會成功。

- 選定一個適當的時機，開始實行計畫。如果你準備去度假，至少在度假前兩個星期就要開始實行。否則，寶寶新的習慣還沒有穩定，環境的改變可能會影響結果。計畫剛開始時，地點的改變卻可能有利於執行。如果寶寶已經夠大了，可以將地點從臥室換到兒童房，可能更有幫助。

- 爸爸和媽媽可以在計畫實施時輪流值勤，但是儘量不要在同一個夜晚。兩個人處理方法一致是非常重要的。請決定你們之中誰比較有執行力，這個人應該負責剛開始前兩天的執勤。請不要被寶寶的喜好所影響（「我要媽媽」）——父母應該自己做決定。

- 如果嬰兒床的位置在你們的臥室，你可有以下幾種選擇：很多父母決定先在別的地方睡幾天，寶寶在睡覺的時候他們不進臥室休息。有些父母把寶寶移到別的房間，讓他暫

時先睡臨時的床，這樣做也是可以的。或是把父母臥室裡的嬰兒床轉個方向、或者掛一塊布簾，讓寶寶和父母沒有視線交集。即使嬰兒床在父母的臥室裡，睡眠學習計畫還是可以施行的，只是父母需要更強的意志力去貫徹。

- 兄弟姊妹同睡一個房間也會讓睡眠學習更困難。也許可以讓哥哥或姊姊暫時搬出房間。如果做不到的話，或許任何一方哭泣可能會吵醒對方，不過也未必如此。雖然可能難度會比較高，但是你還是可以按照計畫進行，這是我們從雙胞胎身上得來的經驗。

- 施行計畫之前，你要先決定如何拉長等待時間——例如從一分鐘開始，最多拉長到五分鐘；或者從三分鐘拉長到十分鐘。也請你之前就決定要在什麼時段執行——是白天、晚上，或者白天和夜裡同時進行。

- 如果寶寶在計畫施行期間生病了，像是發高燒或是有劇烈疼痛，請馬上終止計畫。對生病的寶寶來說，習慣的養成並不重要。孩子難過的時候需要你的幫助，你要盡可能提

供協助和關愛。等到寶寶痊癒了，才能重新開始。如果你的孩子已經睡得很好，但是一生病又恢復原樣，你也一樣要這麼做。也許你的計畫會被打斷幾次，但是學習效果卻會一次比一次更好。

- 外在條件愈困難，你的創意愈容易被激發。例如有一個媽媽，等到丈夫出差，她開始「自在」的實行計畫；丈夫回來後，得到一個沒有睡眠問題的寶寶。還有一個爸爸，他在接下哄寶寶上床的任務後與太太達成協議——寶寶入睡前，他都會把太太關在另一個房間，免得她出來干涉。

## 幫寶寶戒宵夜

你的寶寶已經超過六個月大，夜裡卻還需要你餵食好幾次嗎？那麼，他喝奶可能不是因為肚子餓，而是因為他養成了一個妨礙他睡過夜的壞習慣。讓嬰兒在臨睡前喝母乳或是給他奶

## 寶寶的宵夜

- 你的寶寶一個晚上要吃幾次宵夜？
- 宵夜的內容是什麼？
- 一個晚上吃的量有多少？（瓶餵以瓶計／親餵以時間長短計）

瓶，這是非常普遍的習慣。新生兒時期理當如此，繼續維持這個習慣也是很自然的事。另外，感覺寶寶在懷裡一邊吸奶，一邊漸漸放鬆下來，更讓許多爸媽內心充滿感動。

如果寶寶能規律的睡到早上，就沒有理由做什麼改變。如果寶寶夜裡總是多次醒來，而且要靠哺乳、或是奶瓶才能重新入睡，那麼夜奶顯然就是造成睡眠干擾的原因。也因為如此，白天和晚上要把喝奶和睡覺這兩件事分開，至少睡覺前半小時就要把奶餵完。

夜裡喝東西會造成尿布潮濕，同時胃和腸子會工作得很辛

苦，生理時鐘也很難調整到睡覺的狀態。


## 一些案例

　　以下的案例將告訴你孩子的宵夜習慣是怎麼樣養成的，以及你可以如何改變這個習慣。


### 不知不覺就開始了……

▶▶　提爾（十個月大）是不知不覺從小小的一瓶水開始的。幾個星期後，提爾每一夜都要喝到九瓶，加起來比一公升還多！每一瓶他都喝乾，每一夜都要幫他換好幾次尿布。

　　提爾的媽媽先是繼續給他九瓶水，但是每兩天就少裝一些水進去。兩個星期後，提爾夜裡喝水的習慣戒掉了。透過溫和的、逐步遞減的方式，他幾乎沒有反抗。


### 天天上演的哺乳之爭

▶▶　安德烈快兩歲了。他一直都是哺乳時在媽媽懷裡睡著的。

# 替寶寶戒宵夜

- 五到六個月大的嬰兒已經不再需要宵夜。如果寶寶總是喝很少（例如總共只喝一小瓶，或者只是吸奶頭，不是真正在喝奶），那麼你可以馬上取消宵夜，按部就班的開始睡眠學習計畫。如果你的孩子已經超過兩歲，也可以取消這個習慣。寶寶可以在一到三天之內改變他的飲食習慣；宵夜被取消，白天便會多喝。

- 對小一點的孩子來説，如果習慣晚上喝很多液體、吃比較營養的東西，像是濃稠的牛奶糊，那麼你應該用漸進的方式戒掉孩子吃宵夜的習慣，在一個星期內，慢慢把宵夜量調整到零。這樣做可以確定孩子哭泣不是因為肚子餓。你可以這麼做：晚上把哺乳和睡覺的行為分開；到了夜裡孩子表示要喝奶，馬上過去讓他吃，但是你要看時間計時，每天或是每兩天讓孩子少喝一分鐘。如果喝完奶孩子還哭，請按照睡眠學習計畫的步驟處理。短時間的哺乳，例如三分鐘以下，反而會造成干擾，應該完全取消。

- 孩子晚上若是喝奶瓶，處理的步驟相似：夜裡孩子哭了，馬上給他奶瓶，但是每天或是每兩天少裝二十毫升。寶寶喝完後還哭的話，請按照睡眠學習計畫的步驟處理。幫寶寶一點一點的減少宵夜量，最終就會全部戒掉。

- 有些父母會保留早上五點到六點的點心時間，因為之後孩子睡得特別香。如果大家都覺得舒服，那就沒什麼害處。但長期來看，孩子不吃這一餐，事實上睡得一樣好。

到了夜裡，媽媽還要餵他三到五次。媽媽既不享受也不情願，而且還帶著無助的憤怒。

每次媽媽想改變安德烈的習慣，安德烈不是大喊大叫、就是以嘔吐收場。媽媽覺得自己被勒索和利用，哺乳對她來說，再也不是令她心滿意足的事。她稱哺乳為：「我把胸部壓到他脖子上。」她也不想再生小孩。「如果再來一個，」她說，「打死我也不餵母奶了。」很難想像，她在孩子剛出生第一個月時，真的很享受哺乳。她不相信，兒子真的有一天能夠獨自在自己床上入睡。

這種情況下，母子之間的關係已經很緊張了，他們需要立刻執行特別謹慎且溫和的睡眠學習計畫。三天之內，安德烈的媽媽就辦到了。就算沒有媽媽躺在身邊、握著他的小手，安德烈也可以很滿足的入睡，不需要再給他哺乳。對媽媽來說，這已經是很大的進步。

## 「她需要啊！」

▶ 莎賓娜（十五個月大）的例子也很特殊。莎賓娜「不愛吃」。雖然她的體重持續在增加，但是卻一直維持在正常標準的低標。她的父母發現，她最愛在半睡半醒的時候喝奶。

莎賓娜的爸爸媽媽會將奶瓶裝滿牛奶糊，換上吸奶糊的奶嘴後給女兒吃。她每天夜裡會吃掉四到六瓶，總計將近一公升的奶糊。夜裡莎賓娜大約會醒來十次，因為胃裡滿滿的奶糊，嚴重干擾她的睡眠規律。白天莎賓娜幾乎不吃東西，她「不愛吃」的名聲就是這麼來的。

莎賓娜的父母不太相信他們的女兒夜裡也可以不吃東西，而且在短時間內可以把進食的時間調整到白天。「她需要啊！」她的父母是如此堅信的。但是諮詢過後，他們還是減少了夜裡餵食的量，最多只給她吃到二百毫升。從此，莎賓娜夜裡只醒來一次。

## 蓮娜學得很快

　　從十一個月大蓮娜的身上，我們可以看到一夜至少哺乳五次的習慣是如何被戒掉的。蓮娜的媽媽把就診前十二天的夜奶過程詳細寫下來**圖 3-2**。

　　蓮娜的媽媽哺乳時總是帶著她上床，蓮娜通常就在那裡睡一整夜。她的媽媽白天和晚上也要躺在她身邊，因為只有靠著媽媽的胸部，蓮娜才能入睡。圖表上的圓點，是哺乳的時間。

　　原本蓮娜的媽媽計畫要給女兒兩個星期的時間戒掉宵夜，但實際上前後花不到兩個星期。諮詢結束的那一天，蓮娜第一次被抱到她自己的床上單獨睡。從那一刻起，蓮娜的媽媽開始重新記錄，如**圖 3-3**。蓮娜花了幾乎一個小時的時間入睡；一個小時之後，當媽媽想看看她、悄悄溜進房間時，她就醒了，這次蓮娜只哭了短短幾分鐘。之後她睡了整整五個小時，這可是從她出生以來睡最久的一次。

　　早上四點，蓮娜醒來，媽媽立刻給她哺乳。接下來第二天到第五天，接近早上五點的時候，蓮娜會被餵一次。之後一段

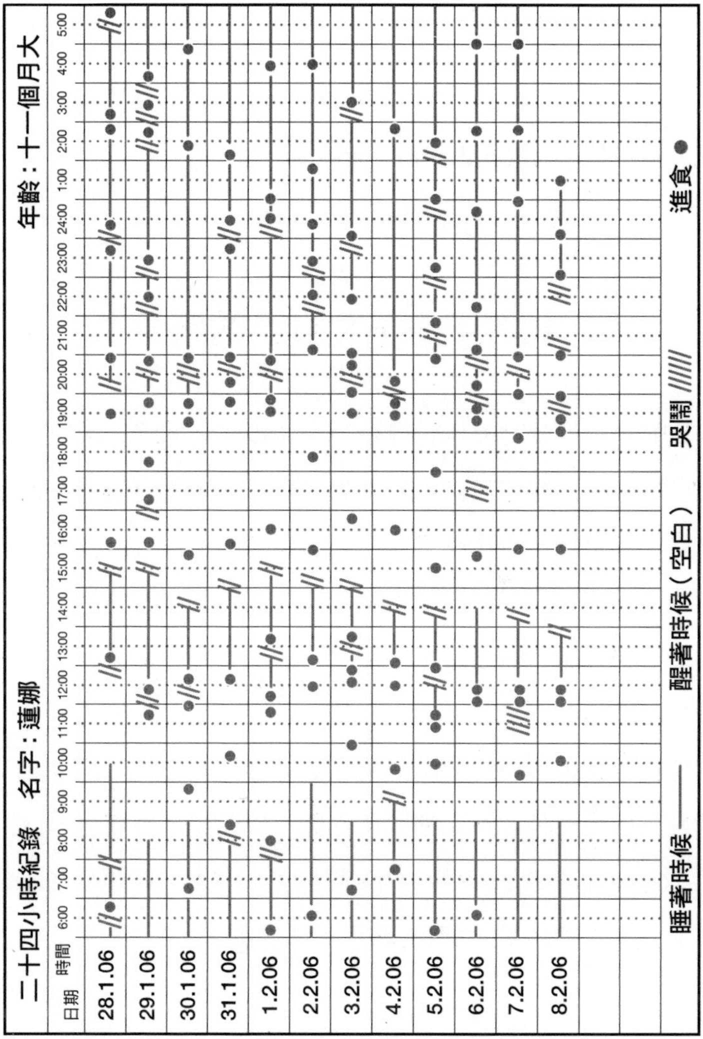

二十四小時紀錄　名字：連娜　年齡：十一個月大

| 日期　時間 | 6:00 | 7:00 | 8:00 | 9:00 | 10:00 | 11:00 | 12:00 | 13:00 | 14:00 | 15:00 | 16:00 | 17:00 | 18:00 | 19:00 | 20:00 | 21:00 | 22:00 | 23:00 | 24:00 | 1:00 | 2:00 | 3:00 | 4:00 | 5:00 |
|---|---|---|---|---|---|---|---|---|---|---|---|---|---|---|---|---|---|---|---|---|---|---|---|---|
| 28.1.06 | | | | | | | | | | | | | | | | | | | | | | | | |
| 29.1.06 | | | | | | | | | | | | | | | | | | | | | | | | |
| 30.1.06 | | | | | | | | | | | | | | | | | | | | | | | | |
| 31.1.06 | | | | | | | | | | | | | | | | | | | | | | | | |
| 1.2.06 | | | | | | | | | | | | | | | | | | | | | | | | |
| 2.2.06 | | | | | | | | | | | | | | | | | | | | | | | | |
| 3.2.06 | | | | | | | | | | | | | | | | | | | | | | | | |
| 4.2.06 | | | | | | | | | | | | | | | | | | | | | | | | |
| 5.2.06 | | | | | | | | | | | | | | | | | | | | | | | | |
| 6.2.06 | | | | | | | | | | | | | | | | | | | | | | | | |
| 7.2.06 | | | | | | | | | | | | | | | | | | | | | | | | |
| 8.2.06 | | | | | | | | | | | | | | | | | | | | | | | | |

睡著時候 ——　醒著時候（空白）　哭鬧 /////　進食 ●

圖 3-2：連娜的睡眠紀錄--睡眠學習計畫施行前

時間，晚上入睡前她還是會哭幾分鐘，但是除了有時短短醒來一下，她從此睡過夜，也不需要宵夜了。

# 我的孩子不睡自己的床

我們在第二章討論過寶寶是否應該跟父母同睡。新的狀況是，你的寶寶已經能夠自己從圍著柵欄的小床爬出來。首先你要做好防範措施，避免讓寶寶在爬出來的過程中受傷。如果寶寶還很小，或許你可以把床墊降到最低的位置或者讓孩子穿一件睡袋，但是這些辦法遲早會不管用。你必須拿掉幾根柵欄，讓寶寶可以安全的下床。

現在寶寶會自己到你床上來，要求跟你一起睡。很快的，這就會發展成一種入睡習慣。或許你不覺得這是個問題，但是如果你一點都不高興，甚至覺得在受苦，你的寶寶也會感覺到。那麼你就應該嘗試改變，讓大家都受益。

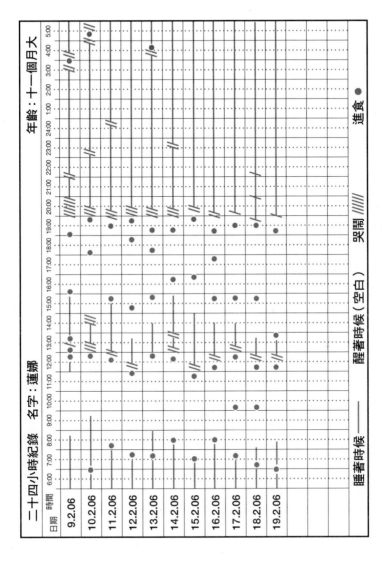

圖 3-3：蓮娜的睡眠紀錄——睡眠學習計畫施行中

## 在門口安置柵欄

如果孩子不睡自己的床，你可以在兒童房的門口裝上柵欄，這個方法在孩子還小的時候特別值得一試。寶寶雖然下了床，但是他不能離開自己的房間；也就是說，整個房間因為這種方式而變成一張大嬰兒床。你可以正常進行睡眠學習計畫的步驟——孩子如果感到害怕，你可以停留在他視線所及之處，每隔幾分鐘去看看他、把他抱回床上或跟他說說話，安慰他，然後離開房間——即使孩子還在哭泣，或是他根本不在床上也無妨。

在這種情況下，寶寶可能不是在床上，而是在地上的某處睡著。即使如此，他還是在沒有你的幫助下自己睡著了。你可以小心的把他抱回床上，蓋好被子。不久之後你會發現，比起冷硬的地板，寶寶會比較喜歡睡在他的床上。


## 回自己床上去

在門口安置柵欄的點子並不適用於所有情況。比較大的孩

子、以及聰明的「柵欄小天才」，不會被這些柵欄阻礙。這時，你可能就要考慮用「回自己床上去」這個辦法。

如果你很確定寶寶到你的床上來只是出於習慣，而不是因為他害怕或受了驚嚇，那麼你就可以開始著手進行這個辦法。有關孩子受到驚嚇的睡眠問題，我們在第四章起會有更多的說明。

## 帶回去──需要幾次就幾次

▶▶ 當卡拉絲的媽媽前來諮詢時，卡拉絲四歲。她三歲以前不曾有過睡眠問題。卡拉絲屬於「好睡寶寶」，睡得很多，喜歡睡自己的床，而且大多數時候都是睡過夜。直到一年半前，爸爸帶著她去度假十天，她跟爸爸同睡一張床。之後她把這個習慣帶回家，雖然晚上上床時她不抗拒睡自己的床，但是第一段深睡期過後──也就是晚上十點到十一點之間──她就會醒過來，接著就自動爬上爸媽的床，睡在靠爸爸那一邊。

對此卡拉絲的爸爸並不排斥，媽媽卻深深覺得被打擾

了——床上變得擁擠，女兒動作太多，這些都干擾到媽媽的睡眠。更難忍受的是，她從此不能安安靜靜的在自己的臥房裡和先生享受兩人世界。所以她嘗試了好幾個禮拜，夜裡再把女兒抱回她自己床上去，一夜重複六到十次。卡拉絲每次都會再回來，媽媽最後放棄。結果，卡拉絲在父母床上爸爸那一邊占領的地盤愈來愈大。媽媽很沮喪，因為先生並不支持她。這同時打擊了她的自信，而且對婚姻關係形成很大的壓力。

經過諮詢之後，卡拉絲的媽媽成功的改變了現況。她先是嚴肅的與先生商談，讓他知道卡拉絲的情況對她、以及他們的婚姻關係已經造成負擔。她的先生馬上表示會和她同心協力，他會負責抱卡拉絲回她自己的床上。這讓卡拉絲印象深刻，她發現：「這次我沒有機會挑撥爸媽了。爸爸做的跟媽媽一樣！」

雖然如此，頭兩天夜裡他們還是過得很辛苦。卡拉絲安靜的被抱回自己床上，但是指定要爸爸抱，最後她總是會單獨睡在自己床上。第三天，她來六次。兩個星期後，她已經有好幾個晚上睡過夜了。每兩天她會大叫一到二次，但是她都能再獨

自入睡。早上起床後她會為自己感到驕傲，因為她成功的睡過夜，而且她可以挑選一張貼紙，只要她收集到五張，就能得到一個獎賞。現在卡拉絲的媽媽覺得女兒有睡飽，而且個性平和多了。她對新的狀況感到很滿意。

從卡拉絲的故事中，我們看到了一些成功的先決條件：

- 父母雙方必須確定他們希望情況能改善。孩子必須能感覺到父母是站在同一陣線的，而且他們是認真的。

- 要讓孩子知道——抱他「搬家」不是對他的處罰，而是一種改善現況的行動。你可以這麼解釋：「爸爸和媽媽討論過，我們應該做一些改變。我們非常愛你，也喜歡和你親近，但是我們的床對三個人來說實在太擠，而且你夜裡睡得不太安穩。我們已經有好幾個禮拜沒有睡好覺，感覺好累，有時候我還會乾脆把脾氣發在你身上。所以我們決定：從今天開始，你睡自己的床。如果你夜裡爬上我們的床，我們就把你抱回去，我們相信你很快就會覺得在自己的床上一樣舒服。這麼一來，大家都會好過得多。」

- 如果孩子達成目標，多數都會很自豪。如果他們能夠單獨在自己床上睡覺，他們就會把它視為是自立的一部分，覺得自己「長大了」。如果爸媽誇獎他們，他們當然更高興。一點小小的認同就會帶來很大的幫助。比方說，孩子每次在自己床上睡過夜就可以得到一張貼紙，每收集到一定數目的貼紙就可以換到某種獎勵，就像卡拉絲的例子一樣。但是請不要太誇張，獎勵只是支持的一種表示。

## 出乎意外的結局

▶▶ 圖畢雅斯三歲半，他的媽媽想讓兒子睡自己的床。她承諾：「如果你連續三天都睡在自己床上，就可以得到一部很棒的車子。」成功了，圖畢雅斯乖乖留在自己床上，他也得到車子。第四天夜裡，他又爬到媽媽床上，說：「媽媽，車子我拿到了。我現在可以繼續和你一起睡。」

## 設定界限：「暫停」

有些父母認為「回自己的床上去」這個辦法行不通。他們說：「我們的孩子根本就不待在自己的床上。他會馬上起來，跑到我們床上，最後就變成貓追老鼠的遊戲。」另外有一些父母，他們沒有力氣和耐心把小孩一次又一次的抱回去。這樣的家庭，也需要有效益的建議。

我們建議你按照睡眠學習計畫的方式自訂一個行為計畫。這次的重點在兒童房的門，孩子自己可以決定兒童房的門是要打開還是關上（不是鎖上！）。幾乎所有的孩子都希望門是開著的，利用這點，可以輕易達到讓他留在自己床上的目的。如果孩子不待在床上，而是起身在房裡跑來跑去時，你就把房門暫時關上。

這個辦法就像是運動術語當中的「暫停」，你或許也已經在孩子身上成功的使用過這個辦法。當孩子有下列情況時，「暫停法」就可以派上用場：

• 因為得不到某件東西而開始大哭大鬧，完全不理你。

- 踢、抓或咬弟弟妹妹。
- 故意亂丟食物。

幾乎所有的父母都同意，這些行為就算是發生在二至四歲的小孩身上，也是不能縱容的。

他們要讓孩子清楚知道：「現在你的行為越界了，我不准你這樣。」在這種情況下，解釋和討論完全不管用。當父母在不知如何是好，充滿無助的憤怒之下，很可能會對孩子大吼大罵、甚至動手打他。父母自己也知道，一時的怒氣或許會因此平息下來，但是親子關係卻被破壞了，而且對實際狀況一點幫助也沒有。

相應不理也不是解決之道。你讓孩子自己決定，哪些行為是可以被接受的，這不但超出他的能力範圍，而且你給他的訊息是：「你對我來說無關緊要。」他爭取關注的動機反而愈來愈強烈，你的孩子會繼續他引人注目的行為，直到你給予他關注為止。他會得出一個結論：「我的行為必須非常引人注目，別人才會重視我。」若是這種情況，你現在只剩下一個對策：

暫停。

## 如何使用「暫停」

- 「暫停」是指在一段短暫的時間裡，將孩子和父母親隔離開來。讓孩子坐在房間另一個角落的椅子上，然後告訴他：「你的行為是不對的，你坐在這裡冷靜想一想。」如果這樣沒有用，就必須讓孩子到另一個房間去，可以是隔壁的房間、或者是兒童房。通常房間門要關起來，必要的話，你得握著把手把門拉上。如果孩子比較小的話，也可以用柵欄代替關門。

- 重要的是，這個暫停一定要非常短。大約一分鐘以後你就要把門打開，或者是越過欄杆，給孩子一個和好的機會，問他：「現在好點了嗎？」如果孩子還是繼續胡鬧或者更糟，你才迅速的再執行一次暫停。

- 很多孩子很快就會安靜下來。其他的則會有間歇性的爆發，用手或其他的東西捶門。最好的應對辦法就是忽略這

些噪音。

等孩子恢復理智，暫停就結束。在此之前，要經常打破暫停狀態，給孩子和好的機會。

- 你可以逐次增加暫停的等待時間，但是以三分鐘為限。

- 暫停時間並不是處罰。父母設下短暫的隔離時間當成界限，這對孩子來說雖然不好過，卻不至於造成他心理上的缺陷。只要孩子一有獨立冷靜下來的傾向，父母就該稱讚支持他。孩子可以做選擇──透過行為的改善，他可以很快和爸爸或者是媽媽恢復正面的聯繫；相反的，恣意胡鬧，只會換來更多的暫停。


## 權力鬥爭

我們把暫停這個辦法講得那麼詳細，是因為在孩子和父母之間，上床睡覺這件事可能也會演變成權力鬥爭。當孩子的行為變得不可理喻或挑釁時，你就需要執行暫停。你的寶寶總是試圖延長睡前儀式，一直往你們的床上鑽。他在這場權力鬥爭

中總是贏家，而你們當父母的，在該堅持底線時卻放棄了。只有在這個時候，我們才建議你進行下面幾頁的「開門關門法」。附帶一提，假使你的孩子有害怕、做惡夢、或是疼痛的情形，這個方法會讓他們的情況更加惡劣。這時，他需要的是你們的支持，和你們床上的溫暖。要是你不清楚孩子究竟發生了什麼事，建議你最好請教小兒科醫師或是專家。

## 使用開門關門法

如果你的孩子不到兩歲，或者你覺得把門關上會令他害怕，那麼你最好使用柵欄。兩歲以上的孩子，而且語言上可以清楚表達自己、沒有分離焦慮，就適合使用「開門關門法」。這原先也是斐博教授發展出來的，但是我們改變了他計畫中一個很重要的關鍵點——斐博教授建議關門時間可以延長至二十分鐘，但我們主張絕不要超過三分鐘。

## 典型的過程

▶▶ 麗娜（四歲）從來沒有在自己的床上入睡過。麗娜的爸爸
每個晚上都得陪睡，等半個到一個小時之後，麗娜才會睡
著。半夜裡，她還會爬上父母的床，待在那裡三到八個小
時。她睡得很不安穩，而且常常一個半小時睡不著。入睡
的時候，她要摸媽媽的嘴唇或是玩爸爸的鬍子，這讓爸媽
都覺得很不舒服。

麗娜的父母不但慈愛，而且非常負責。但是漸漸的，他們
也開始感到生氣和無助，因為情況已經不在他們掌握之中了。
麗娜的媽媽很肯定：「我們的女兒不是害怕；她很清楚我們十
分愛她。」但是麗娜在睡前儀式以及半夜裡，總是會堅持她的
做法。在她看來，她沒有理由放棄她的習慣。

麗娜的母親決定實行行為計畫，使用開門關門的暫停法。
她把計畫裡所有的細節都詳盡的告訴麗娜的祖母，麗娜站在一
邊聽著。祖母問麗娜的媽媽：「你確定要這樣對待孩子？」麗
娜聽見母親的回答：「是的。現在這種狀況非改變不可，我已

## 使用開門關門法

- 首先請你解釋給孩子聽,從現在開始,他要睡自己的床;同時簡短的告訴他,為什麼你認為這是必要的。也許要他能理解你的理由還言之過早,但無論如何,不要讓他覺得他是在被處罰或是被拒絕;他應該永遠都能感受到你的關愛和支持。從你和他們說話的方式,他們能清楚感覺到——你是否認真,或者這場權力鬥爭他是否贏定了。

- 睡前儀式後,請你一如往常的帶孩子上床。讓門開著,並告訴他:「只要你乖乖待在床上,門就會一直開著。」

- 如果你的孩子馬上就下床,把他帶回去。這次把門關上,等在門後,直到下方的時間表上的等待時間到了,再進去看他。即使孩子早就回到床上,也請你按表操課。你可以從門後跟孩子說話,告訴他,你什麼時候會再把門打開。

- 如果你按照時間把門打開後,孩子是睡在床上的,跟他短短的說幾句話。你可以誇獎他或是親親他,當你離開房間時,讓門開著。如果孩子不在床上,就把他抱回去(但是不能使用暴力),走的時候把門帶上,等在門後,直到等待時間過去。每次你都要告訴他:「你留在床上,門就會打開。」如果你的孩子很容易帶上床,而且你確定他會乖乖的躺著,那就直接讓門開著。如果你這次沒有成功,最好不要再犯相同的錯誤。

如果你的等待時間已經長達三分鐘,繼續保持這個間隔,直到孩子肯留在自己床上。

### 等待的時間表

從以下表格，你可以了解，如果孩子不乖乖待在自己床上的話，門關上的時間各會是幾分鐘。

| 關門： | 第一次 | 第二次 | 第三次 | 第四次 | 接下來的每一次 |
|---|---|---|---|---|---|
| 第一天 | 1 分鐘 | 2 分鐘 | 3 分鐘 | 3 分鐘 | 3 分鐘 |
| 第二天 | 2 分鐘 | 3 分鐘 | 3 分鐘 | 3 分鐘 | 3 分鐘 |
| 從第三天起 | 3 分鐘 | 3 分鐘 | 3 分鐘 | 3 分鐘 | 3 分鐘 |

經由這個方式，你的孩子可以透過控制自己的行為，決定事情發展的結果。待在床上，門就是開的；溜出來，門就暫時關上。很快孩子就會明白這中間的關聯。如果你貫徹到底，很可能幾天後，你的孩子就會乖乖待在自己床上。

### 請注意：

• 無論發生什麼事，絕對要避免威脅或責罵，讓孩子感覺你是在幫助他度過一段艱難的時間。他需要的是支持，不是處罰。

• 比較大的孩子，大約三歲起，可以透過獎勵提高成就動機。比如說，每一次只要他成功待在床上，他就可以得到一個獎賞，或者可以集點（比如收集小星星或是貼紙），集滿一定數目後，就可以換更大的獎。

經別無他法了。」

從第一天起，麗娜就沒有任何異議，完全接受必須單獨睡在自己的床上這件事。她的爸媽非常驚訝，第一天麗娜竟然就可以睡過夜。接下來的幾夜，她每夜會被抱回去一次，但她的房門從來不需要關上五分鐘以上。兩個星期後，麗娜只是偶爾會在爸媽沒有發覺的情況下爬上他們的床。大多數時候她還是睡在自己床上，而且她對自己感到很驕傲。雖然祖母曾經對這個方法表示過懷疑，但媽媽的決斷讓麗娜印象深刻。也因為這個決斷力，讓親子間的權力鬥爭幾乎沒有上演。

## 獨創的解決之道

不是所有的父母和孩子都適用開門關門法。當你對這個辦法心存懷疑時，絕對不要用它。還有其他的辦法一樣可以達到效果，只是這些辦法可能需要投入更多的精力和耐心，而且成果較遲才看得出來。也許你是鎮定型的父母，而且充滿耐心；也許你認為孩子還有恐懼或其他心理障礙；又或者，你的孩子

剛生過很重的病——但同時你也很確定，對整個家庭來說，孩子獨自睡一張床比較好——在這種狀況下，或許你可以自己找到更有創意的辦法，漸漸解決這個問題。

## 「你需要我嗎？那我留下來！」

▶ 　六歲大的克里斯曾經生了兩年很嚴重的病，進出家裡和醫院多次。在醫院時，他需要二十四小時觀察看護，夜裡也必須服藥。在家時，就只有一個辦法——和爸媽一起睡。

　　爸媽很樂意為了兒子整夜保持警覺。他們知道：兒子需要我們在身邊，這樣我們才能幫助他。

　　後來克里斯康復了。他不再需要吃藥，而且到了該上學的年紀，他的爸媽也希望他的生活逐漸上軌道。他們覺得獨立人格和自信心對克里斯的發展很重要，所以他們認為他應該在自己的床上睡覺。克里斯自己也很想嘗試，只是沒有勇氣。

　　我們和克里斯以及他的媽媽一起想出以下的方案。晚上克里斯要上自己的床，媽媽在講完一個床邊故事後會坐在房裡陪

他，直到他睡著。媽媽會帶著一盞小燈和一些書過來，她也可以利用這段時間為自己做點事。如果克里斯半夜醒來，他應該先試著自己重新再入睡；真的沒辦法的話，他再叫醒媽媽。這時媽媽會把他帶回床上，在他的房間裡安靜的坐著陪他，直到他睡著。這種情形一個晚上發生二到三次，每次可能持續四十五分鐘。克里斯知道：「我一睡著，媽媽就走了。」媽媽當然清楚這個因果關係，但是她也要兒子知道：「只要你需要我，我就在這裡。」每天，媽媽都會把椅子稍微搬離克里斯的床一點。如果克里斯在還沒睡著前就爬起來，開始埋怨、或者爭辯，媽媽就會短暫離開房間一下。然而，這種情形從來沒有發生過。一個星期後，克里斯第一次跟媽媽說：「媽媽，你現在可以不必陪我了。」

克里斯的媽媽前後共花了將近四個星期的時間。現在，克里斯獨自入睡，而且大部分時間留在自己床上。如果他害怕了、或者被惡夢驚醒，他可以到父母床上去睡。但是這種情形相當少。

剛開始的幾個星期，克里斯每一次睡過夜都可以得到一個小獎勵。這讓他很開心，也提高他的動機，他感到很自豪。他的媽媽在這幾個星期投入了很多耐心和精力，但是她知道這對兒子是好的，她必須撐過去。成功的結果，同時大大增加了她的自信。

## 心理治療的故事

在一些孩子身上，故事能產生不可思議的效果。我稱這些故事為「心理治療的故事」，也經常在我的診所裡使用。在這些故事中，孩子們會從中看到自己，而且故事也可以提供給他們問題的解決之道。在本書的附錄，你可以找到一個有關睡眠的故事。你可以將原版的故事唸給孩子聽，也可以依據孩子的需求改編內容，這樣效果也許更好。

### 「我的床在哪裡……？」

▶ 三歲班亞明的媽媽成功的把我半開玩笑的建議變成了事

實。我跟她說：「如果你的孩子再繼續睡在你們床上，那就把他的床拆了，搬到儲藏室去。告訴他：『反正你從來不用你的床，拆掉之後，你就有更大的空間可以玩了。』他只能睡在你們床上，別無選擇。」

每個孩子都對他沒有的東西特別感興趣。所以，如果一段時間之後，班亞明又想要回自己的床，並沒有什麼好驚訝的。如果是孩子自己提出要求，那麼就不需要另外施加壓力。班亞明的媽媽就是用這種方式，優雅的把問題解決了。


## 疑慮與省思

當我們在介紹睡眠學習計畫時，父母們通常會出現四種不同的反應。

第一組父母，占絕大多數，他們很高興能夠得到具體、而且保證成效的指南，也能夠理解我們在所描述的睡眠習慣與睡

眠干擾之間的相關性。為了長遠著想，也為了大家好，這些父母願意讓自己和孩子在短時間內受點苦以做改變。

第二組父母——人數不多，而且大部分是母親——他們的睡眠已經被剝奪好幾個月了，他們被頻頻起床、泡牛奶、哺乳、以及寶寶長時間的哭鬧弄得筋疲力盡。我們聽到他們說：「請告訴我，我該做什麼——我什麼都願意做。還有什麼會比現在更糟？！」他們願意接受任何建議，因為他們已經快精神崩潰了。他們需要的是速效的解決辦法。

第三組父母則是完全不同的典型。雖然幾個月來經常在夜裡被孩子叫醒，但是這些媽媽們感受到的壓力沒有那麼大。如果她不覺得糟糕，每次都能愉悅的面對孩子，她為什麼要尋求改變？父母覺得好，孩子也會好。如果只是因為孩子可能會睡得更好更久，而想違背自己的意願實行睡眠學習計畫，這種做法我們並不建議。

第四組父母則是嚴肅的表達他們與日俱增的顧慮：「我可以不顧孩子的意願嗎？我怎能確定不會造成孩子的心理障礙？

我能肯定孩子和我之間的關係不會受影響嗎？如果我沒有每次都在第一時間安慰他，會不會破壞了親子之間原有的信任？」

## 疑慮與利益間的衡量

這些疑慮與恐懼都是可以理解的。但是即使你什麼都不做，也是要付出代價。請仔細衡量下列情況：

* 如果你什麼都不做，會發生什麼事？
* 如果孩子的習慣不改變，接下來會如何？
* 如果孩子繼續在夜裡叫醒你，一個晚上五次，而且每次你都得起床為他做一些事他才會停止哭泣，接下來會如何？
* 無眠的夜晚會讓你對孩子產生什麼感覺？
* 你確定現況沒有造成你們親子關係的負擔嗎？
* 你確定現況沒有造成你們夫妻關係的負擔嗎？長期睡眠不足經常會造成父親或是母親的精神壓力，甚至造成伴侶間的問題。父母的無助感和挫折感也會影響孩子。
* 年輕母親的沮喪感常常會導致脾氣暴躁，而且要承認自己

有這些情緒是非常困難的。有些父母透過「玩笑話」來宣洩情緒，像是「我真想把他送人」、或者「我恨不得把他摔到牆上去」。有些父母會有罪惡感，因為他們在失去耐心或者飽受挫折時，曾經猛烈的晃動孩子，甚至動手了。

這些反應雖然令人覺得遺憾，卻十分真實。耳提面命的建議根本無法幫助這些父母，因為這種建議開頭通常都是：「你絕不可以……」卻不提供解決問題的對策。這些建議讓父母產生罪惡感，引起的後果就是──父母更加不知道該怎麼辦。

你的孩子需要的，不只是你的愛和關心，還有你的自信。喪失信心的投降放棄，絕對不比慈愛又堅定的設定界限來得好。如果你每隔幾分鐘就去探看他一下，甚至陪著他待在房裡，同時用慈愛但堅定的聲音跟他說話，我們相信，你的孩子不會因此產生分離焦慮。

當你實行睡眠學習計畫時，絕不是拋下你的孩子不理。你是在幫助他學習他會做的事──不被干擾的睡覺。

## 放縱的代價

　　徹底放棄、或者違背自己順從孩子，或許可以換來片刻安寧，輕鬆一下。但是這也是要付出代價的。

　　這裡有一個大家都熟悉的例子：媽媽和小孩在超級市場，孩子想買巧克力。媽媽認為不合適，拒絕了；孩子大鬧，也許還坐在地上撒野。這時候，媽媽採取的行動可能有兩種：

- 第一種：媽媽買了巧克力，孩子馬上就安靜下來。衝突好像解決了，但是下次再到超級市場，孩子還是會為了巧克力哭鬧——只要哭鬧就可以得到巧克力當獎賞；不鬧的話豈不是笨蛋嗎？

- 第二種：媽媽不為所動，堅持不買，孩子在失望之餘吵鬧得更厲害。這種情形很令人難堪，在場的人可能會對你投以不耐煩的眼光。你的臉上寫著：「沒教養的小孩，無能的母親。」媽媽雖然冷汗直冒，但是依舊冷靜的堅持下去。下一次，最多下下一次，你的孩子就不會鬧了。他學到：「吵鬧也沒用。媽媽很堅定，她知道什麼對我是最好的，

而什麼不是。我不需要再嘗試了。」媽媽在這種時候必須忍受短暫的壓力，才能一勞永逸的解決問題。雖然不買巧克力讓孩子哭鬧得很嚴重，但沒有人會因為「讓孩子失望了」而責備這個母親。

很多入睡的習慣就像巧克力一樣，長期下來，聽任孩子要什麼給什麼、要多少給多少，並不是有益的事。

父母的自信和堅定，是引導孩子健康成長的重要條件。大多數的父母都能負責的處理小孩的需求。他們能感覺小孩什麼時候是真的需要、什麼時候該設定界限。

當然，容易受驚的小孩和生病的孩子就需要特別的關愛。我們會在第四章裡做更詳細的介紹。


## 當大家都能睡過夜時

想像一下：現在是晚上九點，一切都很安詳。孩子睡著了，你還有兩個小時的時間給自己，或是和伴侶在一起。你上床躺平的時候，感覺是：「現在開始我會有七到八小時零干擾

的睡眠。」對你來說，這不是生活品質的提升嗎？你不會因為睡眠充足，而心理更平衡、抗壓力更強嗎？孩子不需要健康、精神飽滿的父母嗎？另外還有一個理由：不是只有父母在睡眠學習計畫下能睡得更好。請想想看，醒著時就被帶上床、能獨自入睡的孩子，他們不只是能睡過夜，還能平均多睡上整整一個小時。父母也應該為孩子著想。

**有些人說，
父母完全出於自私才會訓練孩子獨自入睡。
這是不對的，在過程中孩子也受益匪淺。**

## 睡眠學習計畫 FAQ

接下來，我們為「睡眠學習計畫」介紹了幾種不同的做法。你可以自行決定：要再考慮一下，或者立即行動？要一次

到位的執行。還是慢慢來？一旦你決定施行睡眠計畫，就要嚴格貫徹到底。否則你可能要冒的風險是，孩子的睡眠行為不僅無法改善，反而更糟。為了讓你有充分的準備，我們在以下解答一些有關睡眠學習常見的重要問題。

## 睡眠學習計畫 FAQ

### 「實行睡眠學習計畫的先決條件是什麼？」

**Q：這個計畫是所有父母及孩子一體適用的嗎？**

**A：**不！有一些先決條件。首先，孩子必須至少六個月大，而且身體健康。同時身為父母的你，必須深為孩子的睡眠習慣所苦，堅決要改變現況。特別重要的是——你和孩子之間的關係是和諧正常的。有時，做父母的會感到力不從心，或是無法接受自己的孩子。嬰兒對拒絕的感應非常靈敏。孩子之所以在夜裡哭鬧，很有可能是為了要贏得父母的關愛和注意。在這種狀況下，我們不建議使用這套睡眠學習計畫，而是應該要提供父母幫助，讓他們能用愛心對待孩子。這些父母有時是婚姻有問題，有時是父親或母親某一方有心理問題；有些人則是在孩童的時候曾經有過不好的遭遇，至今心理依然不能平衡；也有些母親的生產經歷特別痛苦，留下精神創傷。意志不夠堅強的父母，在施行睡眠學習計畫時很容易全盤搞砸，這一類的父母，常常也需要額外的專業輔導。

　　本書除了介紹睡眠學習計畫，也有各式「溫和的」替代選項。請自行判斷，什麼才是對你和對孩子最合適的。

### 「我的孩子對睡眠學習計畫來說年紀還太小嗎？」

**Q：我的女兒才三個月大。她夜裡至少要喝四次奶。我可以現在就教她如何睡過夜嗎？**

**A：**可能不行！三個月大的孩子還沒有發展出成熟的睡眠規律，他們還無法清楚分辨白天和晚上，所以你沒有辦法期待你的女兒能睡

過夜。但是，她現在每天夜裡應該吃一次就夠了。請你給她一個固定的，但是時間較遲的晚餐，嘗試拉長兩次餵奶時間的間隔。另外，你現在就可以慢慢把她白天小睡時間和晚上就寢時間固定下來。最重要的是，在她還醒著的時候就讓她就寢！

**Q：我的女兒兩個月大，只有在我胸前喝奶時才會睡著。我把她醒著抱上床，她馬上就哭了。她應該怎麼學習獨自入睡？根據睡眠學習計畫，她是不是還太小了？**

A：沒錯，對這麼小的孩子來說，嚴格執行計畫並不合適。她有時還是會在喝奶的時候睡著。可是，你可以慢慢的，溫和的著手進行。或許剛開始她會抗議，但你可以試著愈來愈頻繁的讓你的女兒醒著上床。一段時間後，你再去看她，安慰她。光是在她身邊還不夠的話，就把她抱起來，靠在胸前安慰她。但是在她睡著之前，你就要把她放回床上，她應該盡可能在沒有你的協助下獨自入睡。

## 「是否會造成孩子的心理負擔？」

**Q：我的寶寶十個月大。到目前為止，他一哭，我就馬上安慰他，但是我現在已經筋疲力盡了。我真的可以在不造成孩子心理陰影的情況下進行計畫嗎？**

A：首先，夜裡的干擾所造成的疲累，會讓你的負擔一天比一天大，這個壓力遲早會發洩到孩子身上。幾乎我們諮詢過的所有父母，都和他們的孩子有很親密的關係。你的孩子有從你那裡得到受保護的感覺嗎？他能確定你的愛和關懷嗎？孩子與父母之間親密的互相信任是先決條件。這種關係存在的話，你和孩子絕對可以承

受短時間的壓力。對孩子來說，學習新的習慣，在剛開始絕對不是一件舒服的事。但是，如果你們親子關係穩定，你的孩子在習慣的轉換過程中，能一直得到你的關注，你就可以確定他不會以為你要離去而害怕。最重要的是，只要他養成了新的習慣，你和孩子都會好過得多。

## 「我的孩子安靜不下來！」

**Q：我的兒子九個月大，總是在我懷裡睡著。就我對他的認識，當他看見我而我卻不抱他的時候，他只會哭得更大聲。我是不是不該去看他，讓他哭個夠比較好？**

**A：**這種「讓他哭」的方式可能會奏效。幾天後，你的兒子可能就因為沒有人理會他而停止哭鬧。但是我們的出發點是為孩子著想。當他哭泣時，如果讓他獨自一人待太久，你的兒子可能會感到害怕。如果你每間隔一段時間就去看他一次，並且讓他知道：「沒事沒事，我就在你身邊。」這種恐懼就可以避免。如果你的兒子哭得更厲害，在他身邊的時間可以短一點，但是一定要時時給他安慰和關愛。

## 「凌晨五點，計畫就失效了！」

**Q：我們九個月大的女兒透過計畫學會了晚上八點上床獨自入睡（原來是在媽媽胸前），而且她現在幾乎都一覺到天亮。白天兩次小睡的情況也很好。但是她常常凌晨五點就醒來，並且哭鬧很長時間，直到她再睡著——如果她能再睡著的話。我覺得很困擾。請問我該怎麼辦？**

A：凌晨五點時，你的女兒可能還沒睡飽，但是她對睡眠的需求大部分都得到滿足了，所以這時要她再入睡會比較困難。如果試了幾天後仍不見效果，我們不建議你在凌晨五點還嚴格執行計畫。最好的方法是，先接受凌晨五點就是夜晚結束的事實，跟你的孩子一起起床，但是按照正常的作息時間吃睡。如果你的女兒不是屬於少睡寶寶，很快她自己就會延長睡眠時間。

## 「十四天後還沒有成功⋯⋯」

Q：我們帶著一歲的女兒嚴格執行計畫已經兩個星期了，卻一直無法成功。她在夜裡還是哭鬧很久。我們還要堅持下去嗎？

A：如果已經兩個星期過去了還沒有什麼效果，再繼續下去是沒有什麼意義的。請思考一下：你的孩子真的健康嗎？他真的沒有哪裡痛嗎？他的睡眠時間是對的嗎？請注意「躺在床上時間 = 睡覺時間」的原則。過去的兩個星期內，她真的都是一個人在自己床上入睡的嗎？這些條件都必須具備，否則不會有進展的。也許你可以填好本書附錄的問卷，帶著問卷去找你的小兒科醫師，再好好的諮詢一次。

## 「生病之後是否要重新開始？」

Q：我們跟十八個月大的兒子一起確實的執行計畫。雖然他在之前每夜都需要幾瓶奶，計畫還是在幾天之內就見效，兩個月來他一直都睡過夜。但是後來他生病了，從那時起，他每天夜裡又需要兩瓶奶。我們現在是否應該重新開始？

A：每個孩子都有可能因為生病、或者外出度假，又重拾舊習。有時只需一個晚上，就會讓孩子迫不及待要把例外當成習慣。這種情況下，你當然可以第二次（或者按照需要，三四次也都可以）進行計畫。通常會比第一次更快達到目標，因為孩子還沒有忘記你貫徹的決心。

## 「給不愛吃的寶寶宵夜？」

Q：我兒子快兩歲了。他是個超級「不愛吃」寶寶，所以我們很慶幸，至少夜裡他還願意喝兩瓶奶。可惜，他也因此常常在夜裡醒來。我們真的可以放心取消他的宵夜嗎？

A：因為寶寶白天拒絕喝奶，夜裡就會猛灌，這絕不是正確的做法。只要他夜裡可以喝掉幾乎半公升的奶，白天就沒有理由還肚子餓，可能的原因是他已經習慣夜裡才感到飢餓了。你應該規律的，並且在固定的時間給他吃喝。宵夜取消之後，你可以確定：夜裡缺少的，你的兒子幾天內就會在白天補上。

## 「我的孩子還需要午睡嗎？」

Q：我的兒子二十五個月大，我認為他還需要午睡。兩個禮拜來，我每天中午都把他放上床一個小時。雖然他這段時間不哭了，但是他還是不睡。我再堅持下去有什麼意義嗎？

A：如果你持續進行計畫十四天，還沒有看到什麼改變的話，你可以確定：你兒子真的不再需要午睡了，這時堅持下去是沒有意義的。有些父母會讓孩子習慣中午被放到床上或者是房間裡，自己玩一個小時，或許這個方法也適合你兒子。

## 「晚上可以，但夜裡不行？」

**Q：**我們十八個月大的女兒，從三個星期前，開始可以在晚上好好的獨自入睡；但是夜裡她還是會醒來很多次，而且要喝奶。凌晨兩點後，我必須把她抱到我們床上。為什麼她還不能睡過夜？

**A：**你女兒已經接受入睡時不能再喝到牛奶，而且不能到大床上去睡。她已經覺得在自己的床上入睡是正常的。可惜她也覺得，夜裡醒來後，喝到奶和被抱到父母床上去是正常的。她可以分辨晚上和半夜入睡的不同，但在半夜若沒有你們的幫助，她無法自己再入睡。但是，她可以在你們的支持下學習，你們也可以在半夜施行睡眠學習計畫。

## 「我們的孩子，總是不知不覺就溜到我們床上來……」

**Q：**我們四歲的女兒每天夜裡都到我們床上來。其實我們並不願意，但是常常沒有察覺。我們該怎麼辦？

**A：**如果你只是「其實」不願意，那還是不用改變，保持原狀吧。如果你想讓你的女兒習慣夜裡待在她自己的床上，這不但需要你下定決心，而且還會受一點苦，沒有心理準備是無法貫徹到底的。而且，大部分時候，你甚至察覺不到她來了，這樣你也沒有機會堅持每次都有所反應。唯有堅持，才可能會成功。如果你真的下決心要改變，請在房門上掛一個鈴鐺，女兒來的時候，你馬上可以醒來，然後把她帶回自己的床上。

# 重點整理

### ☑ 不良的入睡習慣會導致睡眠問題

很多孩子習慣吸著奶嘴、被抱在懷中、跟父母一起躺在床上、在哺乳的時候或者是抱著奶瓶入睡。所有這些入睡習慣都是造成睡眠問題的原因，這些習慣會阻礙寶寶學習單獨入睡。

### ☑ 按照計畫學習入睡

我們的計畫是，讓孩子在你的幫助下學習獨自入睡。你在他醒著的時候抱他上床，讓他單獨躺著。如果他哭鬧，就按照固定的時間表去看他，讓他不會害怕。但是，你不會給他他想要的；他的哭鬧發揮不了作用，所以他很快就會停止。獨自入睡會漸漸成為孩子的習慣，在夜裡也是。你的寶寶不需要再叫醒你了。

### ☑ 開門關門法：孩子會透過自己的行為控制情況

如果你的孩子入睡之前不待在自己床上，而是爬起來離開房間，那你可以在門口安裝一個柵欄，一直把他抱回床上，或者是使用「開門關門法」。孩子經由自己的行為，可以控制房門的開關與否——待在床上，門就開著；起來，門就會暫時關上。

### ☑ 問與答

關於入睡習慣的養成，有些問題和顧慮特別受到父母的關注，請參考本章的「睡眠學習計畫 FAQ」。

# 特殊的睡眠干擾問題

本章你將讀到

如何辨別孩子是否夢遊或夜驚？

要如何處理？

假使孩子夜裡會害怕、或者做惡夢，

該怎麼辦？

夢遊和夜驚症有什麼區別？

如果孩子有搖頭晃腦、疼痛、

睡眠呼吸中止、精神異常等問題，

要如何實行睡眠學習計畫？

我們對使用藥物的看法

# 「夜晚不是我的朋友」：
## 夢遊、夜驚、做惡夢

大部分案例中，兒童的睡眠干擾都與不良的入睡習慣、或者不合適的睡眠時間有關。相較之下，只有少數睡眠干擾的狀況是出於特殊原因。對此，父母的處理方式也要有所不同。

# 夢遊和夜驚症：
# 深睡期中斷的半甦醒狀態

　　從第 61 頁的**圖 1-5** 中，你可以看到一個至少六個月大的嬰兒的睡眠過程。我們當時解釋過：入睡後三個小時內，所有的孩子都會從深睡期經歷一次甚至兩次半甦醒狀態，這在圖表中是以箭頭標示（我們的案例是晚上九點半和十點）。在大多數孩子身上，半甦醒狀態不易被察覺——他們可能翻個身、睜開眼睛一下、或者喃喃囈語之後，馬上又繼續睡。對他們來說，重新陷入深睡期毫無困難。

　　如果藉由腦波圖把腦波的活動記錄下來，我們確實可以觀

察到──在深睡期結束時，腦波會突然發生改變。清醒、作夢期和深睡期──所有的睡眠模式都會在這一段時間內混在一起。然後，這個半睡半醒的混亂局面會被深睡期化解。

六歲以下的小孩中，有10%無法順利完成這個轉換過程。他們本來應該能很快再進入深睡期，結果有時卻停留在半睡半醒的狀態中。在這個狀態下，孩子可能會出現各式各樣的怪異舉止──從說夢話到不停的大聲尖叫都有可能，這也就是所謂的夜驚症。這些並不是發生在作夢的時候，而是從深睡中過渡到半甦醒的狀態時。說夢話是其中最無害的症狀；夢遊和夜驚都會令父母感到強烈不安。這些舉止愈常出現，父母就愈擔憂。

對於六歲以下的孩子來說，夢遊或夜驚往往不是心理因素造成。孩子通常既不是害怕，也沒有深藏心裡的問題。比較可能的原因，只是大腦的發展還沒有完全成熟，所以「深睡期──半甦醒──深睡期」的過程進行得不是那麼順利。這和遺傳尤其有關，但是與精神疾病無關。如果你的孩子剛好有夢遊或是夜驚，可能你也會發現，家屬成員中有些人的童年，與

你的孩子有相似的問題。

## 夢遊

夢遊發生時，孩子可能會爬下床，在房間裡或是屋子裡
「逛」。例如，他會在完全迷糊的狀態中去上廁所。

### 「不是我！」
........................

▶ 我們的兒子小克當時六歲。有一次他在夢遊時把浴室和臥
室的門搞錯了。臥室裡一張小凳子上擺著他的錄音機。在
睡夢中，小克把放卡帶的蓋子掀開，對著裡頭灑了一泡
尿，接著蓋上蓋子，然後又回床上去睡。第二天早上他什
麼都不記得，對他做過的事完全不承認。

　　另外一提：在睡著後一到三小時之內發生的尿床，跟深睡
期之後的半甦醒狀態有關。

▶ 另一個例子是：有一天早上，小克不在他的床上。我們嚇
了一大跳，尤其是當天晚上我們並沒有把屋子的大門鎖

上。幸好我們在閣樓裡找到了趴睡在沙發上的小克。

## 採取安全措施

孩子在安靜的夢遊時，很有可能會打開門或是窗戶，甚至爬出陽台的欄杆。

### 「夢遊很安全」──這個觀念是錯誤的。

夢遊的孩子，其實身處危險之中。看起來，他們的動作似乎有意義而且目標明確；但是，他們實際上並不知道自己到底在做什麼，因為他們是在睡覺。

如果你的孩子會夢遊，你務必要關好門窗，確保孩子不會置身險境，而導致傷了自己。有些孩子在夢遊時，可以跟人談話，也會願意乖乖的被帶回床上。

## 夜驚

你的孩子入睡三小時之內就醒了嗎？你從240頁的問題中，發現至少有四個情況是你熟悉的嗎？那麼你的孩子有夜驚的可能性。夜驚的專有名詞是「夜驚症」，它和夢遊的關係很緊密，但是比夢遊要令人擔憂。夜驚的症狀包括有：孩子睡著後一到四小時，他會忽然撕裂心肺般的尖叫，更嚴重的還會踢打自己；大部分孩子根本不讓人碰他，也鎮定不下來；眼光呆滯，好像不認識你；也許他會起床亂跑，好像被什麼追趕一樣；此外還伴隨盜汗與心跳加速等情形。發作的時間可能很短，但是也可能長達二十到三十分鐘，何時發作與結束都無法預知。孩子會忽然鎮靜下來，乖乖上床，繼續平靜的睡。像夢遊一樣，第二天他也不記得發生什麼事。

孩子還很小的時候，夜驚就有可能會發作。

### 從兒童房發出的尖叫

▶ 馬可五個月大。晚上八點時，他在自己床上毫無困難的入

## 你的孩子會夜驚嗎？

**你的孩子夜裡通常在什麼時間醒來？**

如果你的孩子在入睡後一到三個鐘頭內會醒來大叫，他的狀況是下列哪一種？如果你圈選超過四項，那麼你的孩子在夜裡醒來一定和夜驚有關係。

○ 孩子會突然大叫　　　　○ 他抗拒身體接觸
○ 很難安撫他　　　　　　○ 他會盜汗或是心跳快速
○ 他好像不是完全清醒　　○ 很難叫醒他

睡，早上七點半醒來。爸媽很慶幸孩子的穩定，但是有件事令他們很不安：一個星期會有兩到三次，大約在晚上十點左右他們準備要上床時，會被從兒童房傳出的尖叫聲嚇到。

他們馬上進去看兒子，發現他靠著小床的欄杆、撕裂心肺的尖叫著。他們馬上把他抱在懷裡，試圖安慰他，馬可反而在爸媽

懷裡掙扎反抗，繼續尖叫。他似乎沒看見他的爸媽，也不能感覺他們的存在。最後他們試著搖他、叫他，讓他醒來。整個事件會持續十到十五分鐘，有時候甚至更久，馬可才能安靜下來。他醒了以後會疑惑的看著爸媽，也需要一段時間才能再入睡。

馬可的爸媽試圖找出刺激馬可的事物，或是其他有可能導致他尖叫發作的經歷。然而，馬可的尖叫，和特殊的經歷或者心理問題沒有太大關係。馬可是屬於停留在半甦醒狀態時間較長的孩子。他的舉止雖然奇特，但是他並非感到害怕。如果他真的害怕的話，這種情緒不會每次都自動消失。假使他需要的是安慰，他會依偎在爸媽懷裡，而不會反抗。

我們可以跟馬可的爸媽保證：雖然馬可的叫聲悽慘，但是他既不害怕也不驚惶，他只是還在睡眠狀態。他們能替兒子做的——諮詢後他們也這麼做了——就是在一旁靜觀其變。如果第一次的安撫被拒絕，爸媽就退到門外，透過門縫觀察。他們很驚訝的發現，沒有他們的安慰，馬可反而更快安靜下來。他們不再叫醒馬可，而是在馬可自己從激動中冷靜下來後，幫他

換個姿勢，讓他睡得舒服些，再幫他蓋上被子。就這樣，馬可的尖叫發作時間愈來愈短，過了一段時間之後，發作頻率也愈來愈低。馬可三歲的時候偶爾還有幾次發作，但爸媽也可以比較輕鬆的反應，因為他們知道——他們的兒子不是在受苦，這種反常的舉止會自動消失。

▸ 奧立佛當時三歲大，他每隔兩天晚上，接近十點時就會大喊大叫。有時候他會在房間裡亂跑，滿嘴模糊的囈語。父母只聽得懂片段，如：「他們來了！」或是「他在這裡！」令他們特別不安的是，奧立佛不認得他們，而且好像被什麼附體了。

奧立佛的爸爸媽媽試著要叫醒他，但是沒有那麼容易。第二天早上，他們問奧立佛，晚上會怕什麼嗎？奧立佛什麼都不記得，他只是一臉疑惑的看著爸爸媽媽。

我們建議奧立佛的爸爸媽媽，第二天絕對不要跟奧立佛討論他夜裡尖叫的行為。父母一直憂心忡忡的問東問西，可能會讓孩子開始驚惶。他們會想：「我怎麼了？」因為孩子並不記

得發生什麼事，所以他們不知道父母到底在說什麼。這種不確定感無法幫助孩子睡得更好，反而會造成負面影響。奧立佛的父母還得到第二個建議——因為奧立佛只睡十個鐘頭，所以中午最好讓他有規律的午睡。

充足的睡眠以及規律的作息，對於像馬可和奧立佛這樣的孩子來說特別重要。太累的孩子似乎睡得特別深沉，半醒之後要進入深睡也特別困難。過度疲累很有可能會使這個過渡階段進展得不是那麼順利，夢遊或是夜驚可能只是「卡在中間」的一種反應。但是，這只會發生在特定孩子身上。

## 恐懼夜晚和惡夢

所有的孩子，晚上或夜裡在自己的床上，都偶爾會心生恐懼和做惡夢。恐懼和做惡夢的原因是，孩子在白天的經歷，一下子造成他心理過多的負擔。

## 如何處理夜驚

- 如果你的孩子還不滿六歲，經常有夜驚的情形不需要太過擔心。這和嚴重的心理問題或精神異常，通常沒有關聯。但是如果你的孩子白天的時候也會顯得驚惶害怕或是精神緊張，你還是可以尋求專家的意見。假使孩子已經七歲或是更大，卻還有夜驚的情況，你就應該尋求專業的幫助。

- 面對六歲以下孩子的夜驚問題，最好的辦法就是不處理。如果你的孩子不接受你的安撫，就靜觀其變。為了安全起見，他大叫的時候，你可以待在他身邊觀察。

- 不要叫醒他；第二天早上，也不要問他昨晚發生了什麼事。

- 讓他睡眠充足，養成他規律固定的作息。有必要的話，重新開始他午睡的習慣。

- 夜驚和夢遊一樣，不會因為治療就消失。或許透過我們建議的一些做法，情形可以改善。另外，你必須接受孩子夜驚這個事實──並且相信問題會隨著時間慢慢消失。

- 夜驚通常發生在入睡後一到四小時內。這和做惡夢並沒有關係。如何分辨做惡夢和夜驚，我們會在第 254 頁告訴你。

## 害怕上床睡覺

　　儘管你的孩子白天看起來平和快樂——晚上他還是有可能偶爾會感覺無助和害怕。這並不矛盾。夜晚黑暗無聲，孩子獨自躺在床上，沒有玩具或者玩伴可以引開他的注意力。現在他獨自一個人，陪著他的只有幻想和感覺，以及心裡必須處理的很多事：新的印象、兄弟姊妹間的爭吵、和父母短暫的分離等等。即使白天一切如常，小孩或是學齡兒童都可能會感覺力不從心，更何況其他重大的改變發生時——像是搬家、弟妹的出生、上幼兒園、生病或是家裡發生爭吵。白天孩子看來可能沒有受到什麼影響，但是一個人獨自躺在床上時，他會覺得自己「渺小」而很想有個依賴，好像突然小了兩、三歲。也許他會找藉口或者轉移你的注意力，想辦法拖延就寢時間；也許他根本不願意讓你離開。

　　各種狀況都可能會讓孩子產生恐懼和不安全感，他們常常無法歸類自己的感覺。只有極少的情況下，他們能確切說出令他們不安的原因是什麼。取代真正原因顯現出來的，往往是令

他們害怕的怪獸或鬼怪。怪獸或鬼怪的出現，可能是孩子看了一整個下午電視的後果。不是所有的孩子都能消化電視節目中醜怪的卡通人物——雖然他們都已經能準確的使用電視遙控器。在我們看來無害的人物，也常常會令他們感到害怕。

然而前頁所述的例外狀況，可能會讓孩子形成新的入睡習慣。「害怕」會變成孩子的手段，用來掌握睡前儀式的主權。他可能會想：「如果我說起怪獸和鬼怪，媽媽就會在床上陪著我，直到我睡著。」有時候很難看出，孩子是真正害怕，還是因為害怕的附加價值而表現出害怕。他的肢體語言可以給你分辨的線索。如果白天的時候，你的孩子對晚上他說害怕的那些東西也會有同樣的反應，那他可能是真的害怕。

基本上——例外情形不算的話——睡前儀式應該一直維持相同的模式。你幫助孩子最好的方法是聆聽與正視他的焦慮和恐懼，保證你對他的關懷和慈愛永遠不變。

# 如何處理孩子對夜晚的恐懼

**身為父母，你如何處理孩子對夜晚的恐懼？雖然每個孩子可能都需要量身打造的解決方案，我們還是提供了一些建議：**

• 很多孩子從兩歲開始會害怕黑暗。完全黑暗的環境讓他們容易產生幻想，也阻礙孩子在夜裡醒來時馬上認清他熟悉的環境。請為孩子放一盞夜燈，或者讓一絲光線透進房裡來。

• 如果你的孩子在夜晚不像白天那麼鎮靜自信，請理解他。跟他說「不要像小孩子一樣」或是「你不是小寶寶了」，對他是完全沒有幫助的。

• 選在夜晚跟孩子討論他的恐懼問題是沒有意義的。如果你覺得他有點害怕，而且跟你說些鬼怪、強盜或是危險的動物時，你可以把睡前儀式延長一點。但是不需要解釋為什麼鬼怪、巫婆等等並不存在的理由，也不需要搬動家具向孩子證明：「這裡沒有怪獸。」

• 比長篇大論的解釋更有效的是，常常跟你的孩子保證：「爸爸媽媽都在你身邊照顧你、保護你，你可以信任我們。」你可以把他緊緊的抱在懷裡。孩子的恐懼，意思可能是：「媽媽，保護我！」只有在你自己的行為冷靜自信時，才能給孩子被呵護和安全的感覺。

• 如果你的孩子只是偶爾會害怕或需要特別的關愛，你可以例外的把睡前儀式的內容稍作改變。你可以跟他一起躺在床上，或是把他抱到你自己床上——例如窗外有大雷雨時、孩子遇到比較困難的經歷時、或者他大病初癒時。

## 驚惶

到目前為止，我們談的都是「正常的」害怕。這種害怕令孩子不安哭泣，但是遠遠比不上驚惶失措的恐懼。

一個驚惶失措的孩子會緊緊的攀住母親，不斷尖聲大叫，說什麼也不願一個人單獨待著。一個極度驚惶的孩子，需要父母特別的關愛。這種孩子的問題很嚴重，他需要幫助和支持來找到原因並解決問題。

如果身為父母的你們覺得無能為力，請尋求專業的協助，千萬不要認為這是件丟臉的事情。

## 惡夢

害怕做惡夢會導致孩子對上床產生恐懼。做惡夢的原因來自於白天的衝突和經歷，三歲到六歲大的孩子特別會有這種情形。孩子還沒辦法「理智的」思考自己的情緒——例如憤怒、恐懼與罪惡感。在夢境中，這些情緒有時候會以奇異的方式出現。惡夢對小小孩有其威脅性，他們還不太能區別夢境和現

實。他們從惡夢中驚醒後，經常感覺還被夢中的「惡形象」威脅著，他們的驚恐還在，需要人安慰。

### 「櫃子上有一條魚……」

▸ 　快四歲的羅夫，這兩個星期來每天夜裡一直被同一個惡夢折磨。第一次羅夫在凌晨兩點醒來。他驚惶得大聲喊叫，指著櫃子，堅稱看見上面有一條魚。無論如何，他都不願待在房間。他緊緊的攀住母親，要到客廳去，嚇得淚流滿面。

　這一夜羅夫無法再入睡。接下來兩個星期，媽媽必須在他房裡陪他睡。燈不能關掉，而且他很久才能睡著。每天夜裡兩點到三點之間他就會醒來，一邊哭一邊說魚的事，好幾個鐘頭都無法再睡。接著媽媽會陪他到客廳，他要喝水、聽音樂。

　羅夫的媽媽不確定她應該採取什麼態度。剛開始的幾晚，她確信羅夫的確很害怕。漸漸的，她不太確定了；她的反應搖擺在「這裡沒有魚」與「說說看，這隻魚到底長什麼樣子」之間。此外，她也搖擺在同情與生氣之間。因為她用盡心思也無

法改善情況。

　　羅夫白天也是個容易受驚嚇的孩子。蚊子、蜘蛛以及其他的昆蟲，都會引起他的恐懼。所以媽媽得到的建議，首先是如何更恰當的處理兒子白天驚惶的反應。

　　為什麼在羅夫的夢中，魚扮演了重要角色，這是無法解釋的。我們發展了一個心理治療式的故事。在故事中，一個類似羅夫的小孩，跟一條可愛的魚做了好朋友。惡夢的主題「魚」，在故事裡獲得新的意義，不再和害怕聯結在一起。羅夫的媽媽開始在每天白天，規律的說這個故事給羅夫聽。

　　我們很難分辨羅夫夜裡長時間的清醒，是否真的與害怕有關，還是已經變成習慣。對羅夫幫助最大的，是媽媽自己充滿自信、清楚的條理。她決定，讓兒子繼續在他的床上睡。她在房裡新裝一盞夜燈，不開大燈。羅夫若是夜裡醒來，媽媽不再提魚的事情，而是用堅定的聲音重複下列句子：「我們不開大燈。」「我在你身邊。什麼事都沒有。」「你乖乖躺著。」「我會看著你。你趕快繼續睡。」

## 孩子做惡夢時，你可以這樣安慰他：

- 緊緊把孩子抱入懷中，跟他保證：「我在這裡。什麼事都沒有。」
  這樣最能安慰他。

- 留在孩子身邊，或者讓他跟你一起睡，直到他平靜下來。

- 問他做了什麼夢，但是不要逼他。如果他不願意的話，他不需要敘
  述他的夢。

- 夜燈可以幫助你的孩子，即使在做了夢之後也能認清，自己仍然身
  處在「熟悉的環境」裡。

- 孩子如果經常做惡夢，背後一定有什麼問題。這種情況下，你應該
  在白天時找出原因。如果孩子的恐懼特別嚴重，請尋求專業協助。

 

媽媽和兒子不再離開房間，轉移注意力的行為，例如喝水
或是聽音樂，也不再被允許。早上羅夫會被叫醒，這樣，他夜
裡糟蹋的睡眠也沒辦法在早上補過來。第二天晚上，羅夫就能

很快入睡，睡眠習慣也有很明顯的改善。第一天夜裡羅夫哭了兩個鐘頭；之後有一段時間，他總是在兩點左右醒來報告他做的魚夢，但是他可以在十至三十分鐘內重新入睡，不再因為害怕而哭泣。

## 是惡夢，還是夜驚症？

夢發生在作夢期。孩子不是在做惡夢的時候哭，而是在惡夢結束之後，這時候他已經完全醒了。孩子睡著後大約三個小時會進入第一個作夢期，下半夜作夢期會更頻繁發生，惡夢也大都出現在這時候。

相對的，夜驚的發作，通常是入睡後一至四個小時內，也就是夜晚的前三分之一部分，這時孩子會從深睡期進入一個半甦醒的狀態。假使這個過渡階段無法順利完成，孩子長時間停留在半睡半醒之間，他就會開始大叫和掙扎。

在 254 頁的表格中，你可以看到惡夢和夜驚的特徵比較。

## 重點整理

### ☑ 有些孩子在睡覺時舉止比較獨特

入睡之後三個小時，孩子會從深睡中醒來一到兩次。
有些孩子會在這個狀態中停留較久，同時出現怪異的
舉止，如在睡眠中囈語、安靜的夢遊、或者伴隨大叫
掙扎的夜驚。

### ☑ 在睡覺時的特殊舉止大多不必過於擔心

六歲以下的小孩，特殊的舉止通常不是心理因素造成
的。不要叫醒你的孩子，觀察他。如果他拒絕你的安
慰，不要管他，第二天也不要問他。確保他作息規律
正常，而且每天睡眠充足。要有信心，問題會隨著時
間自動消失。

### ☑ 做惡夢後的安慰

孩子做惡夢後，需要你的安慰和保證——你永遠在他
身邊保護他。請避免在夜裡和孩子討論恐懼與惡夢。
嘗試在白天找出原因。

# 重點整理

☑ **惡夢與夜驚之間的區別**

|  | 惡夢 | 夜驚 |
|---|---|---|
| 定義 | 可怕的夢。發生在作夢期，接著完全清醒。 | 從深睡期中過渡到半甦醒狀態時。 |
| 特徵 | 不是在夢中發生，而是之後。當孩子完全清醒了，才會大叫或是哭泣。 | 在夜驚發作的時候大叫掙扎，然後安靜下來。 |
| 什麼時候出現？ | 下半夜，當孩子作夢最密集的時候。 | 通常是入睡後一至四個鐘頭內。 |
| 孩子的行為舉止如何？ | 大部分是哭泣，醒來後還會恐懼。做惡夢時，孩子不會有動作。醒來以後才會哭泣，常常還會害怕。 | 孩子坐在床上，或者是站起來。會滾來滾去或是掙扎。會說話、囈語、喊叫、感到恐懼或不知身在何處的哭泣。脈搏加速，盜汗。所有的症狀都會在清醒之後消失。 |
| 孩子對你的反應如何？ | 孩子察覺你的存在，並且需要你的安慰。他需要身體的接觸。 | 不能察覺你的存在，不接受安慰。抗拒身體接觸。 |
| 孩子如何重新入睡？ | 因為害怕，所以不容易重新入睡。 | 通常很快再睡著，也不會真正醒來。 |
| 孩子第二天記得嗎？ | 如果孩子夠大，他會記得自己的夢，可能還會述說自己的夢。 | 沒有記憶——既不記得有作夢，也不記得喊叫或掙扎。 |

特殊問題協助

我們到目前為止所提供的資訊，對某些父母而言還不夠。他們的孩子在睡眠上有比較特殊的問題。接下來我們將處理這些比較特殊的狀況。

## 撞頭與搖頭晃腦

有時候父母會告訴我們：他們的孩子入睡前會搖頭晃腦，全身來回晃動，或者用頭去撞東西。

▶▶ 十八個月大的湯姆斯，多次在白天、晚上和夜裡的入睡前用頭去撞嬰兒床的欄杆。

湯姆斯用頭去撞欄杆，雖然沒有受到嚴重的傷害，但是偶爾會瘀血。父母試著將欄杆包上軟墊，但是湯姆斯會把軟墊撕掉。嬰兒床下的輪子已經拆掉，因為湯姆斯會用頭把嬰兒床撞得滿房間跑。爸爸媽媽很擔心兒子。他們聽說，只有身心障礙的孩子、或是被忽略的孩子，才會用頭去撞東西。他們有理由

認為兒子有嚴重的障礙嗎？

　　一些父母與湯姆斯的父母有相同的擔憂，因為他們的孩子入睡前，會四肢趴在床上俯蹲著、身體上下擺動，或是躺著的時候，頭部會規律的左右搖晃。

　　不論孩子是喜歡用頭去撞硬物、搖頭晃腦、或者全身晃動，這些舉止都讓我們感覺不太正常。但是大多數狀況是不用擔心的，而且這些情形也比我們想像的普遍多了。


## 在大部分的情形下，
## 父母的擔憂是沒有必要的。


　　至少對嬰兒和幼童來說，這是正常的舉止。這種年紀的孩子中有 5% 會有這樣的行為。

　　也許這些孩子在白天的時候也比較偏愛規律性的動作。他們聽音樂的時候，頭或是全身會跟著節拍搖擺。有些孩子特別習慣在入睡前搖擺四肢、滾動頭部、或者是撞頭。他們入睡前

做這些動作，有時候在早上或夜裡，以便能重新入睡。這些常常只是入睡習慣，和吸吮拇指或者搖籃的「搖啊搖」意義是一樣的。

　　所有類似於撞頭這種反覆進行的規律性動作，最容易讓父母認為孩子有問題，或者有「障礙」。即使孩子並沒有受到什麼傷害，父母還是很擔憂。在他們看來，用頭去撞某種硬物應該很痛才對；但對這些孩子而言，規律的動作能讓他們平靜下來，這似乎才是重要的。撞頭或者搖頭晃腦的入睡習慣，通常會在一歲之前發展完成。這些習慣有可能會在短時間內終止，也有可能會維持好一段時間。這種狀況從第一次出現後，大部分會在一至一年半內自動消失，也就是說，最遲只會維持到孩子三至四歲大。

　　男孩搖頭晃腦的情形比女孩多。雖然在有神經疾病或者是精神障礙的孩子身上，搖頭晃腦症狀的確常常出現，但是如果孩子其他的發展正常、身體健康，父母就不必特別擔憂。父母最能幫助孩子的，就是接受孩子的特點，並且相信一切都是正

常的。

之前提過的湯姆斯，在夜裡如果開始撞頭，就會得到一瓶牛奶。換句話說，利用撞頭，他可以達到某種目的。當他的媽媽把他的宵夜習慣戒掉時，湯姆斯撞頭的情形也漸漸消失了。

當然，撞頭或是搖頭擺腦也有可能是嚴重障礙的表徵。如果你的孩子有下列的情況發生，請聯絡你的小兒科醫師：

- 第一次發生撞頭或是搖頭擺腦的時候，孩子已經超過一歲半了。

- 孩子是因為有感到困擾、或是恐懼的事件，因而出現撞頭或是搖頭晃腦的行為。

- 這種規律性動作，直到三、四歲以後還不見減少。

- 孩子的發展，整體來說與年齡不符合。

## 如何處理撞頭情況

- 白天儘量給孩子機會，讓他隨著音樂或是遊戲盡情律動。

- 你可以試試：放一個滴滴答答響的鐘或是節拍器在孩子床邊，迎合孩子對節拍的喜好。

- 仔細鋪墊孩子的床（前提是孩子已經一歲大以後），或者在房間中間放一張床墊當成睡覺的地方。孩子愈難找到硬的地方，就愈容易放棄撞頭的習慣。

- 在少數情況下，當孩子真的把頭撞傷了，給他戴一頂腳踏車專用的安全帽做為保護。

- 務必給孩子一個規律且充足的睡眠。牢記「躺在床上時間 = 睡眠時間」原則——把孩子晃來晃去和撞頭的時間從床上時間減掉。如果孩子躺在床上的時間不比平均的睡眠時間長，那麼至少搖擺和撞頭的時間會減少。

- 請小心，不要因為擔心孩子撞頭或搖擺的行為，而變成以額外的關愛方式來「獎賞」他。

# 睡眠呼吸中止症

▶▶ 茱莉亞，五歲大，半年前開始打鼾。在安靜的公寓裡，爸爸媽媽常常被她的聲響吵醒。六個星期前，他們發覺茱莉亞打呼的聲音有時會被完全寂靜的片刻打斷。

茱莉亞的爸媽發覺這種狀況愈來愈頻繁。同時他們也發現，茱莉亞白天沒有精神，而且脾氣不穩定。

這是一個典型的有睡眠呼吸中止症的孩子。「呼吸中止」指的是在某些時候，通過鼻子和嘴的氣流會中斷超過十秒。在早產兒身上，因為大腦內調控呼吸系統規律的部分尚未成熟，也有可能出現這種症狀。我們這裡所講的睡眠呼吸中止症，是指孩子因為鼻子和嘴裡的氣流進入氣管的路被阻斷，導致呼吸一再停止。阻斷尤其容易發生在舌根的部分。據我們所知，特別是在作夢期，肌肉會完全癱軟下來，舌頭便會往後掉，同時對氣流往氣管的去路形成阻礙。

對多數的孩子來說，留下的氣流是足夠的。但是茱莉亞的

情況特殊，她的鼻息肉和扁桃腺腫大，加上舌頭後移，最後只剩少量的氣流能進入氣管。這種情形導致茱莉亞必須常常半醒過來，讓舌頭歸位，整夜變成空氣搶位之戰。難怪茱莉亞白天的時候沒有精神，情緒不穩定又容易發脾氣。

## 睡眠呼吸中止症的特徵

睡眠呼吸中止症最重要的特徵是：

- 白天非常嗜睡，並且可能有不合宜的行為、過動、突發的性格改變。較大的孩子則可能有學校生活的問題。
- 即使沒有呼吸道感染，夜裡也會大聲打鼾，而且吸入空氣時，胸腔會產生低陷。

導致呼吸暫時停止的原因，最常出自扁桃腺和鼻息肉腫大，另外也會因為體重過重以及齒顎咬合不正引起。如果懷疑孩子呼吸有問題，你應該要帶他去看小兒科或者是耳鼻喉科。大多數孩子，在切除鼻息肉或扁桃腺之後就會痊癒。

# 疼痛

如果孩子因為疼痛而哭泣，當然很難入睡，一般的入睡工具無法安撫他。父母通常很容易區別因為疼痛引起的啜泣與憤怒的哭鬧。孩子的疼痛需要專業協助，請求助於小兒科醫師。

小嬰兒因為疼痛而整夜哭鬧時，父母通常會問：「是因為他在長牙嗎？」「長牙」這個詞經常出現在育嬰八卦中。雖然它經常被用來當成發燒、腹瀉、哭泣與沒有胃口的原因，但是卻沒有明確的根據。什麼時候會因為長牙而疼痛？正確的說法是當牙床明顯因為發炎而轉紅、或者發腫。但是這很少會是孩子疼痛的主因，因為牙床通常發炎幾天之後就會消腫。因此，長牙不應該被視為造成睡眠干擾與疾病的原因。

當孩子有疼痛跡象時，首先應該察看他的耳朵。最常引起疼痛的原因是急性中耳炎。偶爾也會有慢性的中耳積水，躺著的時候特別會引發疼痛。如果因此發燒，嬰兒也會覺得頭痛或四肢疼痛。嬰兒和成人一樣，所有會發燒的疾病都會引起頭痛

和四肢痠痛。如果嬰兒哭鬧得很不正常，試著按一按他的肚子，或是身體和腿連結的股溝部分，看看這些地方是不是疼痛的來源。

疼痛的原因還有很多，在臨床診斷上，長牙的意義並不大。透過父母對病情的詳細敘述和醫師的檢查，通常就可以找出孩子疼痛的原因，或者至少排除重大疾病的可能性。

# 智能障礙兒童

▶▶ 丹尼爾和莫里斯是雙胞胎，媽媽在懷孕第三十六週時生下他們。因為有許多併發症可能會隨時威脅他們的生命，兩個人出生後都在加護病房待了四個星期。出院以後，兩個人的生長都明顯停滯不前。他們在五歲的時候被診斷為嚴重發展遲緩，並且有自閉行為。從一開始，他們的單親媽媽就一直抱怨孩子夜裡常常醒來。

後來災難發生。晚上九點至十點間，兄弟兩個在有欄杆的嬰兒床睡著了。一如平常，兄弟中的一個在午夜時醒來。他跨過欄杆下床，拿起某個玩具開始敲打玻璃。接著另一個也醒過來加入這個遊戲，直到一個小時之後，他們才再度睡著。凌晨三點，他們醒來要水喝，然後玩一會兒，直到五點半才再度睡著。他們敲打窗戶的聲音不只把媽媽吵醒，也讓這棟大樓的鄰居群起抗議，這讓疲累的媽媽力不從心。

　　像丹尼爾和莫里斯一樣嚴重智能障礙而且自閉的孩子，也能使用睡眠學習計畫嗎？或許這是唯一可以嘗試的辦法。雖然計畫開始時困難重重，但是媽媽最後還是成功的達到目的，讓孩子擁有較長、而且一氣呵成的睡眠。兄弟倆戒掉夜裡喝水的習慣，把白天的睡眠挪到晚上，並且留在床上。開始的時候，這兩個孩子就是不肯待在床上，我們大家都差點放棄，媽媽卻堅持貫徹到底。幾個星期後的成果回報令我們又驚又喜，這兩兄弟學會了一覺睡到天亮。

即使是智能有障礙的孩子也有學習能力。
父母可以透過一定的條件和貫徹力來幫助他學習。

# 藥物

安眠藥和鎮靜劑在治療孩子的睡眠問題時，占有一席之地嗎？在一九九〇年藥物研究調查中，德國所有十二歲以下的孩子，有 7％ 至 10％ 至少拿到過一次安眠藥或鎮靜劑的處方。最常使用的精神科藥劑是阿托斯（Atosil）及煩寧類（Valium）的安眠藥。

根據《德國醫師報》的報導，從剛出生到一歲大的孩子中，每一百個就有二十個曾經拿過一次這種藥劑的處方，比例確實很高。這些藥若真的被服用，實在是件令人擔憂的事——許多孩子的睡眠問題竟然是用精神科藥劑來處理的。

幸好依據我們的經驗，小兒科醫師不會輕率的長時間給予安

眠藥。除此之外，父母也多半不會在用藥幾天後就自動停藥。

在實行睡眠學習計畫之前，某些例外情況下，我們也會給一些特別困難的家庭使用安眠藥或是鎮靜劑。經過藥物作用後孩子可以很快就睡著，但是夜裡的習慣，例如抱著踱步或喝東西等等，完全沒有改變。問題的關鍵——也就是依賴父母的幫助才能入睡——根本沒有解決。停止服藥以後，舊的睡眠模式當然又——恢復。

如同我們在門診觀察到的——藥物輔助並沒有長期效果。只有在同時配合進行睡眠學習計畫時，藥物的效果才會彰顯。

因為我們的睡眠學習計畫成效這麼好，我們建議，健康的孩子完全不須用藥。藥物還有可能會產生「矛盾反應」——有些孩子吃了藥以後應該很睏，卻反而興奮起來。特別是長期用藥以後，會出現很多非預期內的副作用。也就是說，你付出的代價很高，效果卻不彰。

基於這些理由，我們的結論是：會使孩子鎮靜下來或者睡覺的藥物，既不是必要的，長期使用也沒有效果。在你要開始

施行睡眠學習計畫之前，最好先停止使用藥物。

**處理健康孩子的睡眠問題時，**

**不必考慮使用藥物。**

# 重點整理

☑ **撞頭與搖頭晃腦**

兩種狀況都不尋常，但是至少不是病態的行為模式。請
你耐心等待這種奇特的行為自動消失。

☑ **睡眠呼吸中止症**

白天不尋常的疲倦、夜裡伴隨呼吸中止的規律性打鼾，
都可能是睡眠呼吸中止症的徵兆。多數的孩子，在接受
鼻息肉或扁桃腺割除手術後就會痊癒。

☑ **疼痛**

疼痛常常讓孩子無法一夜安眠，找出疼痛的原因是首要
之務。此外，「長牙」不應被視為造成睡眠干擾的原因。

☑ **智能障礙兒童**

智能障礙兒童經常會有睡眠干擾。如果睡眠干擾和機能
障礙無關，那麼適性調整的睡眠學習計畫便值得一試。

☑ **藥物**

我們的看法是，處理健康孩子的睡眠干擾問題時，不必
考慮使用藥物。

# 附錄

## 問卷總整理

### 我們再一次列出本書中所有的問卷內容

#### 你的孩子睡多久？

- 你什麼時候帶孩子上床睡覺？
- 孩子早上什麼時候起床？
- 孩子夜裡待在床上的時間有多長？
- 你的孩子上床後需要多長時間才能入睡？
- 你的孩子夜裡醒著的時間總共多長？
- 你的孩子夜裡睡著的時間總共多長？
- 你的孩子白天會從幾點睡到幾點？
- 白天和夜晚加起來，你的孩子總共睡多久？

---

#### 你的寶寶有哪些睡眠習慣？

- 你的寶寶入睡時，需要得到哪些協助？
- ○ 奶嘴
- ○ 抱著踱步
- ○ 哺乳

○ 奶瓶
○ 爸爸或媽媽陪著躺在床上
○ 爸爸或媽媽留在房間
○ 搖一搖
○ 坐車或娃娃車兜風
○ 其他：＿＿＿＿＿＿＿＿＿＿
• 你的寶寶什麼時候需要這些入睡協助？
○ 白天
○ 晚上
○ 半夜裡 ＿＿＿＿＿＿＿＿＿＿
• 你的寶寶夜裡會哭著醒來的次數有幾次？

＿＿＿＿＿＿＿＿＿＿

**寶寶的宵夜**

• 你的寶寶一個晚上要吃幾次宵夜？
• 宵夜的內容是什麼？
• 一個晚上吃的量有多少？（瓶餵以瓶計／親餵以
  時間長短計）

**你的孩子會夜驚嗎？**

如果你的孩子在入睡後一到三個鐘頭內會醒來大
叫，他的狀況是下列哪一種？

○ 孩子會突然大叫　　○ 他抗拒身體接觸
○ 很難安撫他　　　　○ 他會盜汗或是心跳快速
○ 他好像不是完全清醒　○ 很難叫醒他

## 我的睡眠紀錄表

下頁是一張給你填寫的睡眠紀錄表。請影印兩份，並將孩子的睡眠習慣填上。

- 在第一張上，請你填寫孩子現在有哪些睡眠習慣和進食習慣。這樣一來，你可以確切了解孩子的睡眠行為，以及伴隨而來的睡眠問題會是什麼。
- 當你開始個人的睡眠學習計畫時，才開始填寫第二張表。請在孩子改變習慣的地方做記號，直到計畫完成。

## 床邊小故事

### 「晚安，小寶貝！」

在一座森林裡有一棟小屋，裡面住著老鼠一家——老鼠爸爸、老鼠媽媽和他們的孩子莉莉、查理以及小老鼠寶寶。老鼠爸爸和老鼠媽媽很忙。他們要整理房子和花園，要煮飯，跟莉莉和查理玩，還要餵老鼠寶寶、幫他換尿布，有好多清洗、打

二十四小時紀錄　名字：　　　　年齡：

| 時間 / 日期 | 6:00 | 7:00 | 8:00 | 9:00 | 10:00 | 11:00 | 12:00 | 13:00 | 14:00 | 15:00 | 16:00 | 17:00 | 18:00 | 19:00 | 20:00 | 21:00 | 22:00 | 23:00 | 24:00 | 1:00 | 2:00 | 3:00 | 4:00 | 5:00 |
|---|---|---|---|---|---|---|---|---|---|---|---|---|---|---|---|---|---|---|---|---|---|---|---|---|
| | | | | | | | | | | | | | | | | | | | | | | | | |
| | | | | | | | | | | | | | | | | | | | | | | | | |
| | | | | | | | | | | | | | | | | | | | | | | | | |
| | | | | | | | | | | | | | | | | | | | | | | | | |
| | | | | | | | | | | | | | | | | | | | | | | | | |
| | | | | | | | | | | | | | | | | | | | | | | | | |
| | | | | | | | | | | | | | | | | | | | | | | | | |
| | | | | | | | | | | | | | | | | | | | | | | | | |

睡著時候 ——　醒著時候（空白）　哭鬧 /////　進食 ●

我的睡眠紀錄表

掃的家事要做。莉莉和查理整天在花園裡跑來跑去，玩躲貓貓、逗蚯蚓、挖洞，還有很多好玩的事情。

天色漸漸暗下來，老鼠媽媽想抱老鼠寶寶上床睡覺，但是老鼠寶寶馬上開始吱吱叫。他叫啊叫──直到老鼠媽媽把他從床上抱起來，在他的嘴裡塞了一瓶奶。現在寶寶不吱吱叫了，他香甜的喝著奶。老鼠媽媽等呀等，等到老鼠寶寶終於睡著了，媽媽才輕柔的把他放回床上。

這時候，莉莉一陣風似的跑進來，「媽媽，媽媽，查理打我！」她哭著說。「才沒有，」查理大叫，「是莉莉先說我笨蛋！」老鼠媽媽從客廳裡喊著：「不要吵！兩個都給我閉嘴！」可是老鼠寶寶已經被吵醒了。他又開始吱吱叫，老鼠媽媽不得不重新給他一瓶奶。

老鼠爸爸很生氣。「通通給我上床去，」他罵道。可是，莉莉和查理還不想上床。莉莉肚子餓，想吃東西；查理還想尿尿。然後莉莉想再和媽媽說一會兒話，查理也想再看一本書。接著莉莉說她還想上廁所。「我不行了，」老鼠爸爸呻吟道，

「我去叫媽媽來。」但是媽媽沒有來。她還坐在老鼠寶寶的床邊，餵寶寶喝奶。「我不行了，」她輕聲的說。「我好累。等一下還有好多事要做。夜裡寶寶一定又會吱吱叫，要我餵奶。」兩滴晶亮的眼淚從老鼠媽媽溫柔的大眼睛裡流下來。老鼠爸爸愛憐的把老鼠媽媽抱入懷裡，「不能再這樣下去，」老鼠爸爸疲倦的說。「來，我們來想辦法。」他們也真的這麼做。

　　第二天，莉莉和查理必須早一點從花園回到屋子裡。「如果你們合作，今天晚上就會得到一個驚喜，」老鼠爸爸說。兩隻小老鼠馬上跳進浴室洗好澡，穿上他們的睡袍。吃了美味的乳酪配火腿之後，他們開始刷牙洗臉上廁所——一眨眼，他們已經上床了。「你們動作真快，」老鼠爸爸稱讚道，「現在我們還剩下很多時間可以玩！」莉莉、查理和爸爸一起用積木堆了兩座塔，爸爸還唸大笨貓的故事給他們聽。然後，爸爸做了一件他從沒做過的事——他唱歌給莉莉和查理聽：「啦勒魯，睡吧睡吧。只有月亮，看著小小老鼠，睡吧睡吧……」老鼠爸爸親親莉莉和查理道晚安，然後熄燈，離開房間。「真是美好

的一天，」莉莉輕輕的說。查理沒有反應，他已經在打呼了。

老鼠寶寶呢？晚餐的時候，他得到今天最後一瓶奶。一直餵奶，媽媽太累了。但是，老鼠寶寶從來沒有在不喝奶的情況下睡著，他不認識這種情況！他吱吱的抱怨著。老鼠媽媽過去他的床邊，摸摸他軟軟的毛，輕聲告訴他：「乖乖，媽媽在哦，什麼事都沒發生。」慢慢的，吱吱聲沒有了。這時，老鼠媽媽聽見隔壁房間老鼠爸爸在唱歌：「小小老鼠睡了，你也睡了……」老鼠寶寶也很快的閉上眼睛睡著了。

隔天晚上，老鼠寶寶很安詳的入睡了。他睡啊睡啊，半夜不再需要喝奶。查理和莉莉儘快完成盥洗，這樣老鼠爸爸又可以和他們一起玩、唸故事、唱歌給他們聽。之後，老鼠屋裡一片寧靜。

老鼠媽媽和老鼠爸爸坐在沙發上，已經好久沒有這麼舒服過。「我幾乎忘了，我們擁有的是世界上最可愛、最棒的小老鼠，」老鼠爸爸說。「而我完全不知道，你竟然還會唱歌。」老鼠媽媽說著，然後在老鼠爸爸的鼻子上輕輕印下一個吻。

## 迴響

睡眠 是 如此 美麗 謝謝 這 本 書

「麗奧尼原來每隔二到三個鐘頭就醒來一次要喝奶，但是她現在可以從晚上七點半睡到隔天早上六點！」

「我們要致上誠摯的感謝。因為你們，我們在十四個月之後好不容易又有了寧靜的夜晚——而且已經持續了兩週半。」

睡眠學習諮詢超乎尋常的成功，讓我們感到又驚又喜。小兒科醫師哈特穆‧摩根洛特博士，也非常驚訝自己在原本的專業——感染疾病——之外，還能在這塊完全不同的領域上獲得這麼好的成績。在我們的諮詢中，僅僅因為一次談話而治療成

功的情形非常多。然而，將我們的治療理論轉為實際行動的其實是父母們，我們只是提供建議。

　　親愛的讀者，是否要將睡眠學習計畫付諸行動，決定權掌握在你們自己手中。我們祝福大家有「如夢般」的成果！

哈安妮特・卡斯特尚

哈特穆・摩根洛特

每個孩子都能好好睡覺 / 安妮特．卡司特尚，哈特
穆．摩根洛特作 . -- 第三版 . -- 臺北市：親子天下股
份有限公司 , 2022.05
288 面；14.8×18.5 公分 . -- （家庭與生活；79）
譯目：Jedesm kind kann schlafen lernen
ISBN　978-626-305-232-1（平裝）

1.CST: 育兒 2.CST: 睡眠

428.4                                                111006558

家庭與生活 079

# 每個孩子都能好好睡覺【跨世代長銷經典版】
Jedes Kind kann Schlafen lernen

作者／安妮特‧卡司特尚（Annette Kast-Zahn）& 哈特穆‧摩根洛特（Hartmut Morgenroth）
譯者／顏徽玲
德文審定／徐安妮
新版責任編輯／蔡川惠
新版協力編輯／陳瑩慈
舊版責任編輯／林育如、史怡雲、李佩芬
插畫／薛慧瑩
校對／魏秋綢
封面設計／Ancy Pi
內頁設計／連紫吟‧曹任華
行銷企劃／林育菁

天下雜誌群創辦人／殷允芃
董事長兼執行長／何琦瑜
媒體產品事業群
總經理／游玉雪
總監／李佩芬
版權專員／何晨瑋、黃微真

出版者／親子天下股份有限公司
地址／台北市 104 建國北路一段 96 號 4 樓
電話／（02）2509-2800　傳真／（02）2509-2462
網址／www.parenting.com.tw
讀者服務專線／（02）2662-0332　週一～週五：09:00~17:30
讀者服務傳真／（02）2662-6048
客服信箱／bill@cw.com.tw
法律顧問／台英國際商務法律事務所‧羅明通律師
製版印刷／中原造像股份有限公司
總經銷／大和圖書有限公司　電話：（02）8990-2588

出版日期／2022 年 5 月第三版第一次印行
定　價／350 元
書　號／BKEEF079P
ISBN ／978-626-305-232-1（平裝）

訂購服務：
親子天下 Shopping ／shopping.parenting.com.tw
海外‧大量訂購／parenting@service.cw.com.tw
書香花園／台北市建國北路二段 6 巷 11 號　電話（02）2506-1635
劃撥帳號／50331356 親子天下股份有限公司

立即購買 >